中华
十大家训

陈延斌 主编

[卷四]

教育科学出版社
·北京·

目录

《治家格言》書影

繪圖朱子格言

縷恆念物力維艱　宜未雨而綢繆　毋臨渴而掘井　自奉必須儉約　宴客切勿留連　具質而潔　瓦缶勝　金玉　飲食約而精

園蔬愈珍饈　營華屋　勿謀良田　三姑六婆實淫　盜之媒　婢美妾　嬌　童僕勿用俊美　妻　妾切忌豔妝　祖

繪圖朱子格言

宗雖遠　祭祀不可　不誠　經書不可不讀　居身務期質樸　子要有義方　意外之財莫貪　量之酒　與肩挑貿

易毋佔便宜　見　窮苦親鄰　邨　無久享　刻薄成家須加溫　叔姪　立見消亡　長幼內外　宜法

五品文書局印行

〔清〕——朱柏庐

朱柏庐（一六二七—一六九八），名用纯，字致一，号柏庐。江苏昆山人。清代学者。朱柏庐一生未仕，隐居教读，治学以程、朱为本，提倡知行并进。著有《治家格言》《愧讷集》《四书讲义》等。

《治家格言》，世称《朱子家训》，是我国古代的家教名篇，被尊为"治家之经"。它虽仅有五百多字，然而却言约义丰，以对仗的格言警句、朗朗上口的韵语，讲了许多为人处世、治家修身之道，涵盖了持家、慈孝、睦亲、修身、处世、励志、勉学、婚恋、为政、养生等方面。其中有关勤俭持家、诚实待人、和睦邻里，反对见利忘义、谄媚富贵等观点，今天仍有积极的借鉴价值。由于它通俗流畅、富含哲理，清代至民国年间一度成为童蒙必读课本之一，故而流传甚广。当时大江南北许多人家厅堂之上都挂有《治家格言》，供家人子弟学习效法。当然，《治家格言》中宣扬的明哲保身与安分守命的人生论、因果报应的唯心论等陈腐观点，是必须摒弃的。

家門和順
雖饔飧不
繼亦有餘
歡

家门和顺
虽饔飧不
继亦有余
欢

黎明即起，洒扫庭除 庭前阶下，庭院。除，宫殿的台阶，也为台阶的统称，要内外整洁；既昏 天刚黑时 便息，关锁门户，必亲自检点 检查。一粥一饭，当思来处不易；半丝半缕，恒念 经常想 物力 能用的物资 维艰。宜未雨而绸缪 chóu móu。紧密缠缚。喻事先准备，勿临渴而掘井。自奉 自养 必须俭约，宴客切勿流连 流恋忘返。器具质 质朴，朴实 而洁，瓦 一种陶土烧成的物器 缶 fǒu。一种大肚子小口的盛酒瓦器 胜金玉；饮食约 简约 而精，园蔬愈珍馐 珍奇贵重的食物。馐 xiū，滋味好的食物。勿营华屋 华丽的屋宇，勿谋良田。

三姑六婆 古代指从事不正当职业的妇女。三姑，指尼姑、道姑、卦姑；六婆，指牙婆、媒婆、师婆、虔婆、药婆、稳婆，实淫盗之媒；婢美妾娇，非闺房之福。奴仆勿用俊美，妻妾切忌艳妆。祖宗虽远，祭祀不可不诚；子孙虽愚，

天快亮的时候就要起床，洒扫庭堂内外台阶，保持庭院与室内的整洁；天快黑的时候就应回家休息，关窗锁门的事情一定要亲自检查，保证安全。吃的每一碗粥、每一碗饭，应当想到它来之不易；穿的每一件衣服，要时常想到它在制作时的艰难。没到下雨的时候，就应该先把房子修好；不要渴了才想起掘井。日常生活必须节俭，不要留恋于酒席宴会。家常器具朴实却洁净，陶盒瓦罐胜过金玉器皿；饮食品种不多而制作精细，园圃里种的蔬菜胜过珍稀的美味。不要造华丽的房屋，不要买良好的田地。

社会上不正派的女人，都是诲淫和诲盗的媒介；俊俏的婢女和娇艳的姬妾，不是居家之福。家僮奴仆，切勿用英俊美貌的，妻妾切不可打扮得过于艳丽。祖宗虽然离开我们年代久远了，祭祀却不能不虔诚；子孙虽然愚笨，

儒家的四书五经却不可不读。立身处世务要节俭朴实，教育子孙要遵行做人的正道义理。

不贪不义之财，不饮过量的酒。买从事肩挑贸易的小商小贩的东西，不要占他们的便宜；见到穷苦的亲戚乡邻，应该多加关心抚慰和援助。靠刻薄而发家的人决没有长久享受的道理；做事违背伦理纲常的人，很快就会消亡。兄弟叔侄之间富有的要周济贫穷的；长幼之间、男女之间要言辞庄重、严守礼法。听信妇人挑拨逸言而伤了骨肉亲情，难道是大丈夫所为吗？看重钱财而不孝敬父母，就不配做子女。嫁闺女要为她选择贤良的夫婿，不得索要贵重的聘礼；娶媳妇须求贤淑的女子，不要贪图丰厚的嫁妆。

看见有钱有势的就露出谄媚笑容的人，最可耻；遇到贫苦困

经书不可不读。居身_{立身处世}务期俭朴，教子要有义方_{做人的正道}。

勿贪意外之财，勿饮过量之酒。与肩挑_{指小贩}贸易，毋占便宜；见贫苦亲邻，须加温恤_{怜悯，悯恤。恤 xù}。刻薄成家，理无久享；伦常_{封建社会的伦理道德。指父子有亲，君臣有义，夫妇有别，长幼有叙，朋友有信}乖舛_{悖谬。乖，背离，违背，不和谐；舛 chuǎn，违背}，立见销亡。兄弟叔侄，需分多润寡_{富有的周济贫穷的}；长幼内外_{女子和男子}，宜辞严_{言辞刚正}法肃_{法纪，家法严肃}。听妇言，乖骨肉，岂是丈夫？重资财，薄父母，不成人子。嫁女择佳婿，毋索重聘；娶妇求淑女，勿计厚奁_{丰厚的嫁妆。奁 lián，女子梳妆用的镜匣，泛指嫁妆}。

见富贵而生谄容_{谄媚巴结的容态。谄 chǎn}者，最可耻；遇贫穷而作骄态

者，贱莫甚。居家戒争讼，讼则终凶；处世戒多言，言多必失。勿恃 shì。倚仗 势力，而凌逼孤寡；毋贪口腹，而恣 肆意 杀牲禽 鸟兽。

乖僻 古怪,孤僻。僻 pì 自是，悔误必多；颓惰 tuí duò。颓废懒惰 自甘，家道难成。狎昵 xiá nì。亲近而态度不庄重 恶少，久必受其累 连累；屈志 谦卑恭敬地敬奉 老成 老练成熟，指年老有德，急则可相倚。轻听发言，安知非人之谮诉 诬陷别人,说人坏话。谮 zèn，诬陷，中伤，当忍耐三思；因事相争，焉知非我之不是，须平心暗想。施惠 给人以恩惠 无念，受恩莫忘。凡事当留余地，得意不宜再往。

难的就做出骄横神态的人，最下贱。居家过日子应力戒纷争和诉讼，诉讼最终会带来恶果；处世应力戒多言，话多难免失言。不要倚仗势力，侵凌逼迫孤儿寡母；不要贪图口腹之欲，而滥杀飞禽走兽。

性格古怪、自以为是的人，必然因为经常做错事而懊悔不已；颓废懒惰、自甘堕落的人，是难成家立业的。亲近不良之人，日久必会受其连累；谦卑恭敬地敬奉老成持重、善于处事的人，遇到有急难的时候，就可以得到他的指导帮助。别人说长道短不可轻信，怎知他不是说人坏话？所以要三思；与人发生争执，怎知不是自己的过错？因而需要冷静地多加反省。给人以恩惠，不要总想着别人报答；受人恩惠，千万不要忘记回报。凡事都要留有余地，得意以后应该知足，不要贪得无厌。

人家有了喜庆的事情，不可生妒忌之心；人家遇到天灾人祸，不可有幸灾乐祸之心。做了善事想让人看见，就不是真正的善；干了坏事而怕人知道，就是大恶。看到美貌的女子而起邪乱之心的，将来在自己的妻子女儿身上得到报应；内心藏着怨恨而暗箭伤人，会祸及后代子孙。全家人相处得和睦融洽，虽然吃了上顿没下顿，也能享受到不尽的欢乐；国家的赋税提前交纳完毕，即使剩下的不多，也能体会到最大的快乐。读书是为了做一个品德才学杰出的人，并不只是为了科举功名；做官则要心中想着君主和国家，不能只考虑自己和家庭。安于本分，顺从天命。为人处世能做到这样，就大致完善了。

人有喜庆，不可生妒忌心；人有祸患，不可生喜幸心。善欲人见，不是真善；恶恐人知，便是大恶。见色而起淫心，报在妻女；匿怨 _{对人怀恨在心而不表现出来。匿 nì, 隐藏} 而用暗箭，祸延子孙。家门和顺，虽饔飧 _{yōng sūn。早餐和晚餐} 不继 _{指吃了上顿没下顿}，亦有余欢；国课 _{国家征收赋税} 早完，即囊橐 _{náng tuó。口袋} 无余，自得至乐。读书志在圣贤，非徒 _{只，仅仅} 科第 _{科举考试}；为官心存君国，岂计身家 _{本人和家庭}。守分安命，顺时听天。为人若此，庶乎 _{几乎，大概} 近焉。

《治家格言》这篇短短516字的家训，可以说是句句哲理，字字珠玑！其核心思想大体有以下几个方面。

首先，家训要求家人子弟勤劳节俭。勤俭一直是中华民族的传统美德。早在《尚书》中，就有"君子所其无逸，先知稼穑之艰难"的警句。朱用纯继承并发扬了这一传统美德，教导家人黎明即起，勤劳俭朴，"一粥一饭，当思来处不易；半丝半缕，恒念物力维艰"，体现的是一种对劳动的尊重。今天我们的物质生活已经较为富足，但仍需大力提倡这一美德！尤其是考虑到享乐主义、奢靡之风在一些人身上盛行，更应该大力倡导中华民族这一优良传统。

其次，家训希望家人子弟温和正直。不贪意外之财，不饮过量之酒。对贫困的人不得落井下石，而要雪中送炭。"见富贵而生谄容者，最可耻；遇贫穷而作骄态者，贱莫甚"，"施惠无念，受恩莫忘"等句，均属此类。这种崇德尚义、诚实质朴的人格在古代和现代都是极其可贵的。

再次，家训教导家人子弟应家庭和睦安顺。古语云："福善之门莫美于和睦，患咎之首莫大于内离。"朱用纯认为，只有正确地处理家庭成员之间的关系，互敬互让，和睦相处，才能维持家庭的和谐稳定。作者指出，"家门和顺，虽饔飧不继，亦有余欢"。他还进一步阐述了如何处理家庭关系，如"嫁女择佳婿，毋索重聘；娶妇求淑女，勿计厚奁"，"因事相争，焉知非我之不是，须平心暗想"，"重资财，薄父母，不成人子"，等等，反映了一种重视家人关系、重视亲情胜于钱财的积极价值取向。

最后，家训教诲家人子弟要正确对待功名利禄。作者告诫，

"读书志在圣贤，非徒科第；为官心存君国，岂计身家"。读书是为了求知做人而不只是功名，为官不是为了私利而是为了国家社稷。这启示我们读书学习并不只是为了个人的富贵，而应当有更高的人生追求。这种志存高远的生活态度是非常值得后人学习、效法的。

总的来讲，《治家格言》仍然是以儒家道德伦理来教化家人子弟，规范其言行举止。虽然朱用纯所处的时代与我们今天大为不同，但其家训中的观点永远是鲜活的，值得我们反复咀嚼、思考、学习和借鉴。同时我们也应看到，由于时代的局限，家训中的一些观点，诸如"处世戒多言，言多必失""守分安命，顺时听天"等封建思想已经被时代淘汰，我们应当汲取古代家训文化的精华，抛弃其中的糟粕。

另外，《治家格言》用词精

练生动，语句对仗工整，以其深刻隽永、通俗易记而脍炙人口，广为流布，成为家喻户晓的格言警句，永远给人一种常读常新之感！

历代名家点评

其言质，愚智胥能通晓；其事迩，贵贱皆可遵行。

——〔清〕陈宏谋《养正遗规》

《治家格言》篇幅无多，家弦户诵，昔人误为新安朱子所作，嗣又群信为先生作也。惟先生已、未刻各书，皆不选入，且先生之文，词旨浑厚，即用规诫语，不肯字字显露。澜窃有疑，然谒先生祠，见廖养泉太守撰联云："讲学法程朱愧讷毋欺义理直同性命，治家承节孝困心衡虑格言悉准人情。"似已确有所考，且澜莅此四年，习俗相沿，知之已稔，先生作挽回世道之语，皆人情对病之药也，世之群信为先生作也，可无异也。

——〔清〕金吴澜《朱先生用纯编年毋欺录》

物理人情之朗鉴，昏衢黑夜之清灯。

——〔清〕德保

乡里重其学行，世传家训，乃用纯之文，世人不知，误为文公所作。

——〔清〕江藩《国朝宋学渊源记》

青年读此一遍，胜读他书百卷，可以增知识、明真理。如能仿唱歌时之高声诵读，每日五遍或十遍者，利益更大。

——清末民初上海三友实业社出版《治家格言》时书前《启事》

（朱用纯）晚作《辍讲语》，又为《治家格言》，语平易而切至。

——《清史稿·孝义传一》

庭训格言

中华十大家训

聖祖仁皇帝庭訓格言

訓曰元旦乃履端令節生日爲載誕昌期皆係喜慶之
辰宜心平氣和言語吉祥所以朕於此等日必欣悅
以酬令節

訓曰吾人凡事惟當以誠而無務虛名朕自幼登極凡
祝
壇廟禮神佛必以誠敬存心卽理事務對諸大臣總以實
心相待不務虛名故朕所行事一出於直誠無纖毫
虛飾

〔清〕——康熙

爱新觉罗·玄烨（一六五四——一七二二），即清圣祖，年号康熙。清朝第四位皇帝、清定都北京后第二位皇帝。八岁即位，十四岁亲政。重视农业生产，治理黄河，疏通大运河，加强民族团结，维护国家领土完整，开博学鸿词科，设馆纂修《明史》，编纂《古今图书集成》《全唐诗》《佩文韵府》《康熙字典》等，重视程、朱理学和自然科学。文德与武功并举，政绩显著。为清朝的兴盛奠定了基础。

《庭训格言》全名《圣祖仁皇帝庭训格言》，是康熙对皇室子弟的训诫，由其四子胤禛（即雍正）及诚亲王胤祉等回忆整理而成。雍正在序中说《格言》涉及孝亲敬长、任人施政等皇室和社会政治文化生活的各个方面，"侍养两宫之纯孝，主敬存诚之奥义，任人敷政之宏猷，慎刑重谷之深仁，行师治河之上略，图书经史礼乐文章之渊博，天象地舆历律步算之精深，以及治内、治外、养性、养身，射御、方药，诸家百氏之论说，莫不随时示训，遇事立言。字字切于身心，语语垂为模范。"雍正所言，自然有过誉之处，但康熙的确是"随时示训，遇事立言"，以一个颇有成就的帝王之远见卓识，阐述了治家、治国、治学、立身等方面不少有价值的见解。譬如在读书治学上，他谆谆告诫子弟：读书要善于思考，不能迷信书本，"凡看书，不为书所愚始善"，并指出"学者一日必进一步，方不虚度时日"，强调学习知识技艺"贵有决定不移之志，又贵有勇猛精进之心，尤贵有贞常永固不退转之念"，这样才能学有所成。《庭训格言》说理透彻，教勉结合，循循善诱，娓娓而谈，很少摆帝王架子，板着面孔说教。当然，作为封建君主的庭训，封建纲常名教的"训谕"是少不了的，我们在学习的时候要注意鉴别。

　　康熙以自己接受家教的亲身经历，训诫子

弟：木受绳则直，金就砺则利。要积行勤学，精于六艺，爱日惜阴，存心养性，做到宽裕、慈仁、温良、恭敬、谨慎、恪勤，以继承祖先的遗业。抛弃其礼学色彩和封建因素，这些内容对于我们今天的家庭伦理教化和精神文明建设，仍有一定的参考价值。

作者与题解

训曰：元旦乃履端谓一年之始。履，步；端，首
令节_{佳节}，生日为载诞诞生。载，词缀，在动词、形容词前
构成双音节，无义 昌期_{兴隆昌盛时期}，皆系喜庆之辰，
宜心平气和，言语吉祥。所以，
朕于此等日，必欣悦以酬令节。

训曰：元旦是一年之始的美好节日，生日是一个人诞生的美好日期，这两个日子都是喜庆之日，应该心平气和、言语吉祥。所以，在这样的日子里，我一定以愉悦的心情酬应佳节。

评
析

节日是一年之中弥足珍贵的美好时光。其中元旦和生辰又比较特殊，元旦是一年之初，而生辰又是人生之始的纪念日。在这样欢快的节日中，我们要怀着愉悦的心情，享受这美妙的时刻。同时推己及人，在别人过生日时，我们也要把美满的祝福送给他们。

训曰：我们做任何事情都要真诚，而不去博取虚名。我从幼年即位起，每遇坛庙祭祀或供奉神佛祖先，一定秉持虔诚敬畏之心恭恭敬敬去做。即便是处理日常事务，对待列位臣工，也总是以诚相待，不追求虚名。所以，我待人做事全都源自内心的真诚，不做丝毫细微的粉饰。

训曰：吾人凡事惟当以诚，而无务虚名。朕自幼登极，凡祀坛庙_{天坛、地坛、祖庙}、礼神佛，必以诚敬存心。即理事务，对诸大臣，总以实心_{诚心}相待，不务虚名。故朕所行事一出于真诚，无纤毫虚饰。

康熙认为，执政者在处理政务时要怀着诚心实意。自幼年即位开始，每次祭祀的时候，康熙都会小心谨慎地对待，对神明怀着虔诚之心。康熙以此劝诫子孙，要对社稷心存敬畏，处理国事要细心认真，不要自欺欺人，搞形式主义。在任用大臣的时候，也要坦诚相待，踏实做事，不要追求虚名。

训曰：凡人于事务之来，无论大小，必审审慎，谨慎之又审，方无遗留下虑担忧。故孔子名丘，字仲尼。春秋时期思想家、教育家、哲学家。儒家学派创始人云："不曰'如之何，如之何'者，吾末莫，未如之何也已矣。"诚至言也。

训曰：大凡人们遇到事情的时候，无论事大事小，一定要谨慎小心，反复细致地思虑考量，这样才不会存留隐忧。所以，孔子说："从不说'怎么办，怎么办'的人，我不知道该拿他怎么办了！"这实在是至理名言。

作为一国之主，康熙要日理万机，主持军国大计。然而他并没有因为公务繁重就忽视了生活中细小的事情，相反，他十分小心谨慎地对待每一件事情。事无巨细，都会仔细研究。他担心子孙对他的话不上心，因此又引用孔子的言语强调了一遍。我们普通人处理的事情并没有帝王所面对的那么凶险，但是审慎的工作态度依然不失为我们取得成功的保障。

训曰：皇帝能以天下人的耳目作为自己的耳目，把天下人的心思作为自己的心思，还会担心自己的见闻不广吗？帝舜正是由于喜爱询问观察，才能够广开四方视听，洞察天下人情事理，所以，被称为大智慧者。

训曰：人君_{皇帝}以天下之耳目为耳目，以天下之心思为心思，何患闻见之不广？舜_{姓姚，妫氏，名重华，号有虞氏。中国上古时代父系氏族社会后期部落联盟领袖。五帝（黄帝、颛顼、帝喾、尧帝、舜帝）之一。颛顼 zhuān xū；喾 kù}惟好问好察，故能明四目_{四方之视}、达四聪_{四方之听}，所以称大智也。

评析

舜是上古时代的贤君，有"三年成都"的美誉，历代的贤君明主都把他作为榜样。康熙也很仰慕舜，希望能够像他一样有所作为，被人民所尊敬爱戴。康熙一生曾数次南巡，每次南巡之时，他都很关心沿途人民的生活状况，设身处地地为他们的衣食起居着想。因此，康熙的眼界也更加开阔，能够了解黎民百姓平实而美好的愿望，以百姓之心为己心，在治国理政时也就能"对症下药"，事半功倍。

训曰：凡天下事不可轻忽轻视，疏忽，虽至微至易者，皆当以慎重处之。慎重者，敬恭敬，端肃也。当无事时，敬以自持自我掌控；而有事时，即敬以应事。务必谨终如始自始至终都心怀敬谨，慎修思永语出《尚书·皋陶谟》："慎厥身，修思永。"大意是：谨慎地修养其身，并希望坚持下去，习而安习惯于焉，自无废事。盖敬以存心，则心体湛然厚重、澄清的样子。湛 zhàn 居中，即如主人在家，自能整饬整理使有条理。饬 chì，整顿家务。此古人所谓"敬以直内"语出《周易·坤·文言》："君子敬以直内。"大意是：君子以诚敬的态度使内心正直也。《礼记》是中国古代一部重要的典章制度书籍。西汉礼学家戴德和他的侄子戴圣编。戴德编《大戴礼记》，戴圣编《小戴礼记》，即我们今天见到的《礼记》。东汉郑玄为《小戴礼记》作注篇首以"毋不敬"冠之，圣人一言，至理备焉。

训曰：对于天下任何事情，都不能掉以轻心，即使是最细小最简单的事，也都应当采取慎重的态度来处置它。慎重就是"敬"。在没发生事情的时候，用敬重的心态来掌控自己；在事情来临时，以恭敬端肃的态度去应对一切。务必做到慎始慎终，谨慎地自我修行，希望能够一直坚持下去，养成良好的习惯，这样自然就不会有什么过失。大概是人心中存有敬意，那他的身心就会处在澄明安全的状态中。"敬"居于心，就如同主人在家，自然能够很好地料理家务。这就是古人所说的"敬以直内"呀。《礼记》把"毋不敬"三字放在篇首，圣人的这句话，充满了至高无上的道理。

评析

《易》云："静若弩张。"君子在闲居的时候也不能放松对自身的要求，要时刻为可能会发生的事情做好准备。康熙反复强调细心和谨慎的重要性，即使在没事的时候也要用敬重的态度来约束自己，谨慎地自我修行，做到敬以直内。正如俗语所说的，闲时忙点儿，忙时才能闲点儿。

训曰：为人上者_{居上位者。此指皇帝}，用人虽宜信_{信任}，然亦不可遽信_{未加考察就相信，轻信。遽jù，匆忙，仓促}。在下者常视上意所向而巧以投之，一有偏好，则下必投其所好以诱_{引诱}之。朕于诸艺无所不能，尔等曾见我偏好一艺乎？是故凡艺俱不能溺_{使……沉迷、沉湎}我。

训曰：作为君王，虽然对所用之人应该相信，但也不能轻易信任。因为臣下常常窥视琢磨君王的意图，想方设法投其所好。如果君王一旦有某种偏好，臣下就一定会迎合所好，加以引诱。诸种技艺我没有不会的，你们可曾见到我偏好过哪一种技艺吗？所以，任何技艺游戏都不能使我沉溺其中。

评析

我国幅员辽阔，地大物博，需要许多官吏协助国君治理天下。帝王要能够识别人才，明辨是非，掌握好信任的分寸。做到用人不疑，疑人不用。同时，臣下的投其所好很容易蒙蔽在上者的双眼。因此，康熙告诫子孙，不要在臣下面前显现自己的偏好。这也是一种明哲保身的智慧。

训曰：大凡读书，不被书所愚弄，才称得上高明。像汉代董仲舒所说："没有大风吹响树枝，没有暴雨毁伤农田，称之为太平之世。"假如真的风不吹动树枝发出声响，那么天地万物靠什么来激发、生长呢？雨水不浇开田中土块，那么田地怎么耕作播种呢？照这样看来，这都是些貌似好听却没有实用价值的空话罢了。类似言论，都不能信以为真。

训曰：凡看书，不为书所愚始善。即如董子（董仲舒。西汉时期哲学家、经学家、思想家）所云："风不鸣条（植物的细长枝），雨不破块（土块），谓之升平世界（太平之世）。"果使风不鸣条，则万物何以鼓动发生？雨不破块，则田亩如何耕作布种？以此观之，俱系粉饰空文而已。似此者，皆不可信以为真也。

评析

"尽信书，不如无书。"康熙自幼受到传统文化的熏陶，也鼓励子女多读书，同时又叮嘱他们分清粉饰性的文章与现实的差异，不要被书本所欺骗。康熙的观点在今天仍有其重要意义：不要因为书本和多数人的见解，就放弃自己的独立思想，也不要因为个人的好恶，而无视他人的金玉良言。

原文

训曰：朕八岁登极，即知黾勉 {尽力，努力。黾 mǐn} 学问。彼时教我句读 {语句的停顿。短的停顿为读，稍长的停顿为句。句读与语意相关，故读书首重句读。读 dòu} 者，有张、林二内侍 {宫中太监}，俱系明时多读书人。其教书惟以经书为要，至于诗文，则在所后。及至十七八，更笃 {dǔ。忠实，一心一意} 于学。逐日 {一天接一天，每天} 未理事前，五更即起诵读，日暮理事稍暇 {xiá（旧读 xià）空闲}，复讲论琢磨。竟至过劳，痰中带血，亦未少 {稍微，略微} 辍 {chuò。停止，放弃}。朕少年好学如此，更耽好 {特别爱好。耽 dān，沉溺，入迷} 笔墨 {指书法}，有翰林 {翰林院官员的简称} 沈荃 {字贞蕤，号绎堂，别号充斋。清朝时期书法家}，素学明时董其昌 {字玄宰，号思白，香光居士。明朝时期书画家} 字体，曾教我书法；张、林二内侍俱及见明时善于书法

导读

训曰：我八岁登基时，就懂得努力向学的道理。当时教我识字断句的，有张姓、林姓二位内侍，都是博览诗书的明朝人。他们教学的主要内容以儒家经典为主，至于诗文，就列在其后了。到了十七八岁，我更加诚心向学。每天上朝理事前，五更就起床朗读，晚上处理政务，稍有空闲，又去讲谈议论、探究切磋学问。竟然至劳累过度，痰中带血，也未稍有松懈。我在少年时代就是如此好学，还酷爱书法。当时有位翰林叫沈荃，一直学习明代董其昌的书法字体，曾教过我书法；张、林二位内侍都曾与明代书法名家交游，也常常加以点拨。我

的书法之所以不同于平常人，原因就在这里。

之人，亦常指示，故朕之书法有异于寻常人者以此。

这段训示是康熙追述自己读书学习的经历。康熙在幼年时期，读书十分刻苦，尽管劳累过度，以至于痰中带血，但也未尝稍有松懈。他用自己的经历鼓励子弟用功读书，尊敬师长。其言语之间流露出学生对老师的感念之情，也使我们感受到一位慈祥的父亲对孩子的谆谆教导。出生于皇族的康熙读书依然如此努力，我们普通人更要珍惜光阴，发愤读书。

训曰：节饮食，慎起居，实却除，消除病之良方也。

评析

帝王要对整个国家负责，他身上的担子必然是异常的沉重。这种压力往往令人心力交瘁。康熙依据自身的养生经验，给子孙提出两点建议，节制饮食和谨慎起居。现代社会，生活节奏加快，部分人处于亚健康状态，这在无形之中降低了我们的工作效率，也影响了我们的生活质量。"节饮食，慎起居"也是帮助我们的良方。

训曰：大凡修身养性，都应该在平日里就对自己要求严格。我在六月酷暑天都不用扇子，不摘帽子，这都是平日里不放纵自己才能做到的。

训曰：凡人修身治性_{修身养性。指修养自}身好的品行，养成好的习惯，皆当谨于素日^{平日，平素。}朕于六月大暑之时，不用扇，不除冠，此皆平日不自放纵而能者也。

评析

俗话说"心静自然凉"。康熙认为自己能够在大暑天保持定力，与他日常严格要求自己、保持平和的心态有着分不开的关系。同时，康熙也收获了严于律己的回报。由于他平常严谨地修身养性，把平心静气作为一种心理常态，故而能够减弱外部环境对他的约束。

训曰：汝等见朕于夏月盛暑不开窗，不纳风凉者，皆因自幼习惯，亦由心静，故身不热，此正古人所谓"但能心静即身凉" 唐白居易《苦热题恒寂师禅室》诗：人人避暑走如狂，独有禅师不出房。可是禅房无热到？但能心静即身凉 也。且夏月不贪风凉，于身亦大有益。盖夏月盛阴在内，倘取一时风凉之适意，反将暑热闭于腠理 中医学所讲人体皮肤的纹理和皮下肌肉之间的空隙。腠 còu，肌肉的纹理，彼时不觉其害，后来或致成疾。每见人秋深多有肚腹不调 失去协和 者，皆因外贪风凉而内闭暑热之所致也。

训曰：你们看到我在三伏盛夏不开窗户、不吹风乘凉，这都是由于从小养成的习惯，也是由于内心平静，所以身体就不觉燥热。这正是古人所说的"但能心静即身凉"啊。况且盛夏不贪凉爽，对身体也大有好处。因为夏天身体内郁积着大量的阴寒之气，倘若贪图一时凉快舒服，反而会将暑热封闭在皮肉里。当时不觉得有什么害处，将来很可能会导致疾病。我经常看到有人深秋季节脾胃不和、消化不良，都是因为夏天贪图凉快，体内封闭了暑热所造成的。

评析

在这段训示中，康熙将修身与养生之道结合起来谈。他在生活中见微知著，总结了一些实用的经验。首先因为心静，所以在夏天也不觉得太热，故而不会因为贪凉而招致疾病。其次，康熙看到了许多人在深秋患腹泻病的原因，这是因为夏天的热气闭塞在皮肤中，时间久了深入到腹脏之中，打乱了人体的内部平衡。这也提醒我们，要用联系的观点看问题，有一个长远的眼光。

训曰：凡人养生之道，无过于圣人所留之经书。故朕惟训汝等熟习五经《诗经》《尚书》《礼记》《易经》《春秋》四书《论语》《孟子》《大学》《中庸》《性理》《性理大全》。明胡广等编。为宋代理学著作与理学家言论的汇编，诚以其中凡存心养性、立命之道无所不具故也。看此等书，不胜于习各种杂学乎?

训曰：世间修身养性、延年益寿的方法，没有什么比圣人先贤留下的典籍（讲得更好的）。因此，我只让你们熟读五经四书和宋儒论述性理之学的著作，实在是因为这些书中凡是涵养心性、安身立命的道理无不具备的原因哪。看这些书，不胜过学习各种杂学吗?

庄子曾说："吾生也有涯，而知也无涯。以有涯随无涯，殆也。"这启示我们，在读书的时候要合理使用时间，对所读之书善加辨别。康熙以自己读书的心得体会来告诉子弟，读书首先要读四书五经，这些书有涵养心性、安身立命的道理。今天看来，四书五经中虽然有少量落后的封建思想，但是其中的许多箴言哲理却仍然具有很大的启发意义。

训曰：《书经》上记载的，是虞、夏、商、周几代君王治理天下的大的法则。《书传·序》中说："二帝三王的政治是根据他们治国的理论，二帝三王的治国理论又来源于他们的本心。理解了这'心'，二帝三王的学说和政治自然也就明白了。"道心是人心的主宰，心法是治法的本原。《尚书》中说的"精一执中"，指的就是尧、舜、禹相传授的心得与方法。《尚书》中说的"建中建极"，即为商汤、周武王相传授的心得与方法。或者称为德，或者称为仁，或者叫作敬，或者叫作诚，说法虽各有不同，但其中的道理是一样的，都是用来阐明

训曰：《书经》**《尚书》，又名《书》，是中国上古时期的历史文献和部分追述史迹著作的汇编。所记之事上起尧舜，下至春秋中期。分《虞》《夏》《商》《周》四个部分。儒家经典著作**者，虞、夏、商、周治天下之大法也。《书传·序》**此指孔安国的《尚书传》的序**云："二帝**指唐尧、虞舜**三王**指夏禹、商汤、周文王周武王**之治**政治，治天下的措施**本于道**事理，规律**，二帝三王之道本于心**此指儒家的仁德之心、敬诚之心等**。得其心，则道与治故可得而言矣。"盖道心**指符合封建道德标准的心**为人心**各种欲望相联系的心**之主，而心法**宋代理学家称存养其心、省察其心的方法为心法。认为心法是先贤传授的**为治法**即治理天下之法**之原。精一执中**语出《尚书·大禹谟》："人心惟危，道心惟微；惟精惟一，允执厥中。"即所谓十六字心传。精一，精神专注；执中，实行中庸之道**者，尧、舜、禹相授之心法也。建中**建立中正之道**建极**建立法度、准则**者，商汤、周武相传之心法也。德也，仁也，敬与诚也，言虽殊而理

则一，所以明此心之微妙也。帝王之家所必当讲读，故朕训教汝曹_{你们}，皆令诵习。然《书》_{《尚书》}虽以道政事，而上而天道，下而地理，中而人事，无不备于其间，实所谓贯三才_{古人以天、地、人为三才。也指天道、地道、人道}而亘_{gèn。终}万古者也。言乎天道，《虞书》_{包括《尧典》《舜典》《大禹谟》《皋陶谟》《益稷》}之治历明时_{制定历法，阐明天时的变化}可验也；言乎地理，《禹贡》_{《尚书》中的一篇。是我国最早的系统的地理学著作}之山川田赋可考也；言乎君道，则典、谟、训、诰_{属于"尚书六体"，即保存在《尚书》中我国古代公文的六种体裁。}

_{典，国家的法典、法规；谟，规划、谋议一类的文书；训，训示训令；诰，诰示、布告}之微言可详也；言乎臣道，则都俞吁咈_{语出《尚书·尧典》："帝曰：'吁！咈哉！'"皆为古汉语叹词。都，赞美；俞，同意；吁，不同意；咈fú，反对。本表示尧、舜、禹等讨论政事时发出的语气，后用以赞美君臣论政问答融洽和谐}告

"心"的微妙意蕴的。帝王之家必须读《尚书》，这也是我教导你们诵读研习的原因。不过，《尚书》虽然是讲政事的，但是上至天道，下至地理，中则是人事，书中无不包含，实在是贯通天、地、人三才，横亘于万古之间。讲天道的，《虞书》中有尧制定历法、阐明天时变化的记载可以查验；讲地理的，《禹贡》中所记载的山川田赋可供查考；讲为君之道的，则有典、谟、训、诰之类篇章中记载的先王的精微之言可供审察；讲为臣之道的，则臣下与君王讨论政事的劝诫之言、陈述己见中

表现了他们的忠诚；讲治国道理和天命观念的，有箕子所撰的《洪范》讲述了九种治国的法则可以排列出来；讲修德立功，有《大禹谟》中的"六府三事"，以及礼制、音乐、武备、农事的记述，都可以清楚地列举出来。如此说来，帝王之家一定要研读学习，即便是仕宦之家，凡是有志于尽其侍奉君王治理国家人民之责的，也应该学习《尚书》。

孟子曾说："要做君主，就应该尽君主之道；要做臣子，就应该尽人臣之道。这两种只要效仿尧、舜二人就可以了。"那些立志要做圣人的大贤心中，说话一定说

诚、敷陈^{铺叙，详加论列。敷，fū}之忠诚可见也；言乎理数^{道理，事理。指治国的道理和得天下的天命}，则箕子^{名胥余。帝乙的弟弟，殷纣王的叔父。封于箕（今山西太谷一带），故称箕子。因其时其道不得行，其志不得遂，在朝鲜建立东方君子国。箕子}《洪范》^{《尚书》中的一篇。箕子向周武王陈述天地之大法的作品}之九畴^{传说中天帝赐给禹治理天下的九类大法。一为五行，二为敬用五事，三为农用八政，四为协用五纪，五为建用皇极，六为乂用三德，七为明用稽疑，八为念用庶徵，九为向用五福、威用六极。畴 chóu，类}可叙也；言乎修德立功，则六府三事^{语出《尚书·大禹谟》："地平天成，六府三事允治，万世永赖。"六府，水、火、金、木、土、谷六者，古人以为养生之本；三事，正德、利用、厚生}、礼乐农兵，历历可举也。然则帝王之家，固必当讲读，即仕宦人家，有志于事君治民之责者，亦必当讲读。孟子^{名轲，字子舆。战国时期思想家、教育家。儒家学派代表人物}曰："欲为君，尽君道；欲为臣，尽臣道。二者皆法^{效法}尧、舜而已矣。"在大贤希圣^{仰慕圣人}之心，言必称

尧、舜。朕则兢业自勉，惟思体诸_{之于}身心，措诸政治，勿负乎"天佑下民，作君，作师"

语出《尚书·周书·泰誓》："天降下民，作之君，作之师。"大意是：上天降生了老百姓，为他们树立了君王，为他们_树_{立了师表}之意已耳。

尧、舜如何如何。在我则兢兢业业以尧、舜那样的君王勉励自己，心里想的是如何把尧、舜之德彰显在自己的身心上，实施于国家治理中，不辜负《尚书》中说的"上天保佑老百姓，为他们树立了君王，为他们树立了师表"这话的意思罢了。

《书经》又称《尚书》《书》，简单来说，它是记载上古时期圣贤制定的典章制度的典籍。《尚书》的文字古奥，不易于理解，但是言微而意著。康熙谙熟于《尚书》的奥义，指导子孙如何读《尚书》，而且举出几篇文章来说明其内容的深厚博大。古诗有云："纸上得来终觉浅，绝知此事要躬行。"康熙在最后又叮嘱了一句，读书要知行合一，在平时要力行二帝三王的治国之道。

评

析

训曰：孔子说："鬼神的德行恩惠，真是盛大得很啊。使得天下的人准备了洁净的祭品，穿戴着庄重的服装举行祭祀，而心里也想象着鬼神就在他们头顶上方，又像在他们的身旁。"《礼记》上还说"明处有礼乐，暗处有鬼神"。可是，我们敬畏鬼神，并不是为了要避祸求福的缘故，而是要借祭祀仪式中的敬诚之心来保全我们的正大之气。因此，君子修养品德的功夫没有比主敬更重要的了。内心修养主于敬，那些偏邪的念头就无从产生；对外行事主于敬，那些懒惰散漫之气也就无法产生。每一个念头都敬，那么所有念头就端正；每一个时刻都敬，那么所有时刻就端正；每一件事都敬，那么所有事就端正。君子无时无刻不敬修养，

训曰：子曰："鬼神之为德_{恩惠}，其盛矣乎！使天下之人，齐明_{斋戒严整。齐 zhāi，通"斋"，斋戒；明，洁净}盛服以承祭祀，洋洋乎_{欣喜的样子}如在其上，如在其左右。"盖"明则有礼乐，幽则有鬼神"_{语出《礼记·乐记》。明，表面上，明处；幽，阴间}。然敬鬼神之心，非为祸福之故，乃所以全_{保全}吾身之正气也。是故君子修德之功，莫大于主敬_{宋代理学家程颐提出的一种道德修养方法。即加强自我抑制的能力，把道德修养和求知活动结合在一起。颐 yí}内主于敬，则非僻_{邪恶，不正。僻 pì}之心无自而动；外主于敬，则惰慢之气无自而生。念念_{每一念}敬斯_{指示代词。此，这。指"主敬"这一行为}念念_{全念}正，时时敬斯时时正，事事敬斯事事正。君子无在而不敬，故无

在而不正。《诗》即《诗经》，又称诗三百。是我国第一部诗歌总集。收集了从西周初期到春秋中期的305首民歌、庙堂宴饮乐歌和祭祀乐歌。儒家经典著作 曰："明明 光明的样子。意指君王的德政 在下 人间，赫赫 显耀的样子。意指天命 在上 天上。""维此文王，小心翼翼。昭 显示 事上帝，聿 yù。语气助词 怀 来，招来 多福。"其斯之谓与？

所以君子无时无刻不端正。《诗经》中说："文王的明德扬四海，赫赫的神灵显天上。"又说："周文王做事小心谨慎，恭敬而谦让。勤奋努力奉天帝神灵，获得幸福无量。"大概说的就是这个"敬"啊。

评
析

我们中国人仿佛有一种天生的才华，可以把一件简单的事物升华为一种精妙文化，譬如酒文化和茶文化等。祭祀也是一种寓意深厚的文化。康熙在此强调了祭祀典礼给人民带来的诚敬之心和正大之气。接着康熙又指出君子修养品德要贯串到生活中的小事上，时刻保持一颗诚敬的心，并且举文王的事迹来说明主敬修身的意义。

训曰：无论处理什么事情，都应当谨小慎微。古人所说的"防微杜渐"的含义，就是指无论任何事情，如果在它刚露端倪时不加以防范，那么它就会逐渐变大；如果在它逐渐发展变化的过程中不及时地予以杜绝，就必定会发展到难以遏制的境地。

训曰：凡理大小事务，皆当一体留心。古人所谓防微微小。指事物的苗头杜杜绝，堵塞渐指事物的开端者，以事虽小而不防之，则必渐大；渐而不杜，必至于不可杜也。

评析

《易》云："履霜，坚冰至。"字面意思是说白霜渐重了，冰冻水面的严寒就要来了。前贤引申为，如果在小事上不留心，那么厄运很快就会来临。自古以来，先贤们不断强调防微杜渐的重要性。康熙这段训示劝诫子孙要在小事上留心，莫要懈怠，造成积重难返的局面。这对于今天的我们来说仍然具有一定的借鉴意义。

训曰：仁者以万物为一体。恻隐 _{对别人不幸的同情、怜悯。恻 cè，忧伤，悲痛} 之心，触处 _{随处} 发现。故极其量，则民胞物与 _{民为同胞，物为同类，泛爱一切人与物}，无所不周 _{周遍}。而语其心，则慈祥恺悌 _{kǎi tì。和乐平易，} 随感而应 _{人受外界的触动叫感。对这一触动做出的回应叫应。此意为仁德之人随着接触的人、物不同，而给予相应的仁爱。应，应和}。凡有利于人者，则为之；凡有不利于人者，则去之。事无大小，心自无穷，尽我心力，随分 _{照样，随意} 各得也。

训曰：仁者把世间万物看作一个整体，一视同仁。同情之心随处都可以体现出来。因此仁爱之心达到极致，就是把黎民百姓当作同胞，把万物都视为朋友，无所不包，无所不及。说到他的心则是和悦平易，随着感受而相应发生。凡是有利于人的事情就去做，凡是不利于人的事情就去除它。事情不论大小，仁爱之心没有穷尽，只要尽心尽力去做，一样都能各有所得。

这段训示在强调，仁爱之心不仅要遍及万物，广被百姓，而且要落实到实际之中。康熙告诫子孙，要把普通百姓看作同胞，以慈祥和悦的心态去做切实有利于百姓的事情。这对现在的我们也有许多启示，对于社会底层的劳苦人民，我们不要仅仅是寄予同情之心，最好能够向他们伸出援助之手，做一些力所能及的事情。

《中华十大家训》
庭训格言

卷
四

训曰：仁爱之人爱身边的一切事物，无处不有爱心。凡是爱其人和爱其物，都是爱，所以感人感物至深，所施及的范围很广泛。处在上位，就会受到大家的拥戴；处在下位，大家也都愿意亲近。自己安逸，就必然想到他人的辛劳；自己安泰，就必然思虑他人的痛苦。万物俱为一体，对他人的哀伤病痛感同身受，这就是盛大的德行，至高的仁爱。

训曰：仁者无不爱。凡爱人爱物，皆爱也，故其所感甚深，所及甚广。在上则人咸戴

拥护，爱戴

焉，在下则人咸亲焉。己逸，而必念人之劳；己安，则必思人之苦。万物一体，痌

tōng guān。
哀伤病痛

瘝切身，斯为德之盛、仁之至。

评析

在古代社会，统治阶级是国家机器的受益者，布衣百姓处在被剥削的境地。康熙身为一国之君，心系苍生，他告诉自己的子孙要珍惜民脂民膏，不要忘记一己的安逸是他人劳动的付出所带来的。在当今社会，人与人之间平等相处，彼此之间是一种互惠互利的关系，我们要尊重彼此的劳动，节俭爱物。

训曰：凡人孰能无过？但人有过，多不自任_{自觉承担}为过。朕则不然。于闲言中偶有遗忘而误怪他人者，必自任其过，而曰"此朕之误也"。惟其如此，使令人等竟至为所感动而自觉不安者有之。大凡能自任过者，大人_{德行高尚之人}居多也。

训曰：凡人谁能没有过失？只是人们犯了错误后，大多不愿意自觉承担或承认过失。我就不是这样。平常和人闲谈时，偶尔有因为自己忘记而错怪他人的事情，我一定会承担过错，并且说："这是我的失误！"只有这样，才让人们为此感动，而自己觉得内心不安。大概能认识到错误并且自觉承担责任者，多是德行高尚的人。

孔子说："过而不改，是谓过矣。"先贤们有鉴于人们喜欢文过饰非的心理，而强调"改过"的重要性。由这段训示可以看出，康熙也是赞同"人非圣贤孰能无过"说法的。皇帝要处理的事情众多，难免会因为遗忘了一些事情而错怪他人，这时承认错误不仅不会招致嘲笑，反而会得到别人的尊重。

训曰:《虞书》上说:"宽恕过失,不分大小。"孔子说:"有了过失而不改正,那就成了真正的过错。"凡人谁能没有过失,有了过失,能够改正,才是自新从善的关键所在。所以,人改过自新,难能可贵。其实,能改过自新者,无论他们所犯错误是大是小,都不应当惩罚他。

训曰:《虞书》《尚书·虞书》云:"宥yòu。宽恕过无大。"孔子云:"过而不改,是谓过矣。"凡人孰能无过,若过而能改,即自新迁善之机关键,故人以改过为贵。其实能改过者,无论所犯事之大小,皆不当罪惩罚之也。

康熙引用《虞书》所言训诫子弟,对于别人所犯的错误,要始终抱以宽恕之心。每个人都会犯错误,而勇于改正之人,才会获得他人的同情和理解,也就不该受到过于严厉的惩罚。一个心胸狭隘尖酸刻薄的人,任何人都不愿意跟他接触,即使是身为帝王也是如此。反之,气度恢宏、待人宽厚之人,任何人都愿意接近他。

训曰：曩^{nǎng。以往，从前}者三逆^{康熙时期，平西王吴三桂、靖南王耿精忠、平南王尚可喜三人发动反清叛乱，故称"三逆"}未叛之先，朕与议政诸王大臣议迁藩^{指镇守边疆的藩王掌握重兵，割据一方，对中央形成威胁。康熙为加强统治，令他们迁离驻地}之事，内中有言当迁者，有言不可迁者。然在当日之势，迁之亦叛，即不迁亦叛，遂定迁藩之议。三逆既叛，大学士^{官名。清代大学士协助皇帝处理政事，发布诏令，表率百僚，相当于宰相之职}索额图^{索尼之子。满洲正黄旗人。以平定噶尔丹有功，官至太子太傅，领侍卫内大臣}奏曰："前议三藩当迁者，皆宜正以国法。"朕曰："不可。廷议之时，言三藩当迁者，朕实主之，今事至此，岂可归过于他人？"时在廷诸臣，闻朕旨，莫不感激涕零，心悦诚服。朕从来诸事不肯委^{推脱，推卸}罪于人，矧^{shěn。况且}军国大事而肯卸过于诸大臣乎？

训曰：当初吴三桂等三藩逆贼还没有反叛朝廷之前，我和各位议政王大臣商议撤藩之事。有人说应当撤，也有人不主张撤。然而就当时的形势来看，撤藩，"三逆"要反叛；不撤藩，他们同样也要反叛，于是就定下了撤藩的决议。"三逆"以此为借口，发动叛乱，大学士索额图上奏说："当初提议主张撤销'三藩'的大臣，都应当以国法处之。"我说："不行。廷议时提议'三藩'应当撤销的人，实际是我的主张。现在事已至此，怎么可以把过错归咎于他人呢？"当时在朝廷中的众大臣一听我这话，没有不感激涕零、心悦诚服的。我从来不把任何事情委罪于他人，何况军国大事本就体大，怎么能把过失推卸给各位大臣呢？

康熙告诫子孙，居上位者要勇于承担责任，庇护自己的下属。这样做，下属们才会心悦诚服，尽心辅佐。康熙负责担当的人格魅力赢得了大臣们的拥护，并帮助他克服了一个个难关，最终平定了大清各地的动乱。他叮嘱子孙，在处理事情时，遇到困难犯了过错不要把责任推卸给大臣。

训曰：尔等凡居家在外，惟宜洁净。人平日洁净，则清气_{洁净之气}著身_{上身}。若近污秽，则为浊气所染，而清明之气渐为所蒙蔽矣。

训曰：你们不论是在家还是出行在外，一定要注意保持洁净。一个人平时洁身自好，清风正气就会在身上形成。如果接近污秽，就会被污秽肮脏之气所污染，清明俊朗的风度也会逐渐被蒙蔽了。

康熙认为清风正气的养成离不开生活中的好习惯。比如，在起居住行上，一定要保持清洁卫生，并保持仪表的整洁。如果平时不注意卫生，那么他即使有清风朗月的风度，也会逐渐被蒙蔽而变得龌龊不堪。日常生活中，我们保持良好的生活习惯和行为习惯，都将是人生的一笔宝贵财富。

训曰：我幼年学习射箭，教我射箭的那位德高望重的老人，决不认为我的箭射得好。众人都称赞说"好"，唯独他不这样认为，因此我才能练得骑射精熟。你们千万不要被假意奉承的赞美之辞所欺骗。大凡一切学问，都应该保存这种想法才可以。

训曰：朕幼年习射_{练习射箭}，耆旧_{德高望重的老人。耆 qí，古称六十岁曰耆。亦泛指年高、长寿}人教射者，断不以朕射为善。诸人皆称曰善，彼独以为否，故朕能骑射精熟。尔等甚不可被虚意承顺赞美之言所欺。诸凡学问，皆应以此存心可也。

评析

古来君主，有很多人被阿谀奉承之言所蒙蔽，出现决策失误，进而误国误民。因此，康熙以自己的习射经验为发端，向子孙们讲述了自己的人生经历与体悟，指出不能被阿谀奉承之言所惑，在技艺、学问等方面要有自知之明，要做到兼听则明，唯此才能成就一番大事业。

训曰：人多强不知以为知，乃大非善事。是故孔子云："知之为知之，不知为不知。"朕自幼即如此。每见高年人，必问其已往经历之事而切记于心，决不自以为知而不访于人也。

皇帝是九五之尊，要维护自己的威严，有时碍于情面也会不懂装懂。康熙担心子孙会因此而延误国事，于是引用孔子的话来训导子孙，告诉他们遇到不明白的问题要虚心向别人请教。年长的人，往往会有许多宝贵的人生经验，见到他们要虚心求教，莫要让自己掌握的知识先入为主。

训曰：人们大多不懂还要逞强装懂，这绝对不是一件好事。因此孔子说："知道就是知道，不知道就是不知道。"我自小就是这样。每每见到年长的人，必定要请教他们以前经历的事，并牢记在心里，绝不因为自以为知道某事，就不去向人做深入探访。

训曰：人虚心学习就会进步，自满骄傲就会倒退。我生性好问，即使是很粗野鄙陋的人，也会有切合情理的话。我对这样的言辞也绝不会丢弃，一定要调查清楚来源而后牢牢记住，并不认为自己懂得多、能力强而忽视他人的长处。

训曰：人心虚则所学进，盈（自满）则所学退。朕生性好问，虽极粗鄙之夫，彼亦有中理（合理）之言。朕于此等决不遗弃，必搜其源而切记之，并不以为自知自能而弃人之善也。

评析

"满招损，谦受益。"康熙也很强调这一点。他训示子弟，对任何人都要保持一颗谦虚的心，不要因为自己是皇族就轻视处在社会下层的人。即使是粗俗的人，有时也会讲出一些有益的道理。只要言之合理，都是可以采纳的。在倾听他们言辞的基础上，最好能更进一步，求源辨流，牢记有益的知识，同时也给他们以肯定与赞许。

训曰：朕自幼读书，间_{间或}有一字未明，必加寻绎_{反复探索，推求}，务至明惬_{qiè。满足，畅快}于心而后已。不特_仅读书为然，治天下国家亦不外是也。

训曰：我从小读书，有时候遇到有一个字不明白，就一定要反复探寻、求索，直到把它弄到心里彻底明白满意才罢休。我不仅读书是这样，治理天下处理国家的大事也不例外。

评
析

康熙在此将治国与读书相联系，他认为读书应该做到一字不落，遇到问题就应该刨根问底，这样才能彻底明白。治理国家亦是如此，必须做到事无巨细。作为一个普通人，我们在做事的时候也应该一丝不苟，寻根究底。正是这些最为浅显的道理，决定了一个人一生的作为是否有成。

训曰：阅读古人书籍的时候，应该仔细研究其中的大意主旨之所在，正所谓"以一贯之"。至于文中的字句之间，古人也是互有不同，不必寻章摘句寻找错误进行辩驳，为自己的一家之言辩护伸张。

训曰：读古人书，当审〔仔细研究〕其大义之所在，所谓一以贯之〔用一个根本性的事理贯通事情的始末或全部。语出《论语·卫灵公》。贯，贯通〕也。若其字句之间，即古人亦互有异同，不必指摘〔挑出错误〕辩驳，以自伸〔陈述，说明〕一偏〔片面〕之说。

评析

康熙认为读书要善于抓住文章的主旨。那些出色的文章大都有一个起提纲挈领作用的主题思想贯串在其中，只要理解了它，读书时就能做到事半功倍。至于字句之间的解释，前人多有一些不同的看法，我们不要抱着门户之见一味辩驳，故步自封。

训曰：读书以明理为要。理既明则中心有主，而是非邪正自判矣。遇有疑难事，但据理直行，得失俱可无愧。《书》*《尚书·商书·说命下》*云："学于古训*指古人留下的典籍*乃有获。"凡圣贤经书，一言一事，俱有至理，读书时便*就*宜留心体会："此可以为我法"，"此可以为我戒"。久久贯通，则事至物来*指事情来到眼前*，随感即应，而不待思索矣。

训曰：读书应该以明白事理为主。道理既然明白了，那么心中就有了方向和主见，一切是非善恶也就都能分辨出来了。即便是遇到疑难的问题，只要按照正当的道理去做，至于其得失，也就可以无所愧疚了。《尚书》中也曾经说："学习古人的典籍，就会有所收获。"凡圣贤之书，每句话每件事，都包含着深刻的道理，读书时就应该留心体会："这个可以为我所效法"，"这个可以作为我的鉴戒"。长久地坚持，就能融会贯通，等到事情出现在面前的时候，凭感觉就能应付处理，而不需再去思考了。

评析

社会需要一套规则来保证它的正常运行，大到国家的治理，小到为人处世，都需要遵循着一定的道理。这种治国之道也借助于书本来传承。康熙告诉子孙，读书要以理解圣贤的哲理为根本，把先贤的为人处世之道牢记在心中，身体力行，在处理日常事务时就能做到得心应手。

國課早完
即囊橐無
餘自得至
樂

国课早完
即囊橐无
余自得至
乐

训曰：《易》《周易》。又称《易经》。分为经部、传部。经讲占卦之术，传是对经的解释。儒家经典著作 云："日新之谓盛德。"学者一日必进一步，方不虚度时日。大凡世间一技一艺，其始学也，不胜 受不住，承担不了 其难，似万不可成者，因置而不学，则终无成矣。所以，初学贵有决定不移之志，又贵有勇猛精进 佛教用语。原指僧徒勤勉修行。此指勤奋学习，力求进步 之心，尤贵有贞常永固 坚贞不二，久久坚守 不退转之念。人苟 如果 能有决定不移之志，勇猛精进而又贞常永固毫不退转，则凡技艺，焉 怎么，哪里 有不成者哉？

训曰：《易经》载："日日更新就叫作具有崇高的德行。"因此，求学的人必须每天坚持改变和进步，才能算是没有虚度光阴。大凡世间的一切技艺，刚开始学的时候都受不了那种苦，好像万万不能学成一样，因此就会搁置起来不肯学习了，结果导致一事无成。因此，对于初学者而言，可贵之处就在于要有坚定不移的意志，又要有坚强进取的决心和恒心，尤其要有坚贞不二，永不退却的信念。一个人如果能有坚定不移的志向，勇猛精进，且坚贞不二，毫不退却，那所有的技艺才能，哪里有学而不成的呢？

评析

　　这则训示谈论读书做事的态度问题。俗话说"万事开头难"，在读书做学问和学习技艺之初，我们不可避免地会遇到许多拦路虎。在这时，不能灰心丧气，半途而废，要保持积极进取的心态，循序渐进，每天能进步一点点就是学有所得了。《大学》里说的"苟日新，日日新，又日新"也是这样一个道理。

训曰：子_{孔子}曰："吾十有五而志于学。"圣人一生只在志学一言，又实能学而不厌_{满足}，此圣人之所以为圣也。千古圣贤与我同类人，何为甘于自弃而不学？苟志于学，希贤希圣_{效法圣贤}，孰能御_{控制，阻挡}之。是故志学乃作圣之第一义也。

训曰：孔子说："我十五岁时就立志向学。"立志向学这句话贯串于孔圣人一生。并且，孔子又真正做到了"学而不厌"，这就是圣人之所以能够成为圣人的原因。古往今来的圣人贤哲，和我们同样是人，为什么我们要自甘落后而不努力学习呢？假如立志于学习，又有希望达到圣贤境界的强烈诉求，又有谁能够阻挡得了呢？因此说，立志于学习是成为圣人的关键所在。

孔子在讲到自己治学修身的经历时，首先说的是"志于学"。有志者才能事竟成，康熙也强调"志学"的重要性。身为帝王，平日里必定是公务缠身，因此，他希望子孙能有坚定的意志力，在读书时不要怠慢松懈。在当今社会，物质极大丰富，充满了各种诱惑。我们要想守住内心的一份安宁，也需要有一个笃定的意志。

宜未雨
而綢繆

宜未雨
而绸缪

训曰：子曰："志立志于道。"夫志志向，立志者，心之用也。性无不善，故心无不正。而其用则有正不正之分，此不可不察也。夫子孔子以天纵上天所赋予，才智超群之圣，犹必十五而志于学。盖志为进德之基，昔圣昔贤，莫不发轫开始。轫rèn，挡住车轮使其不能转运的木头乎此。志之所趋，无远弗届至，到；志之所向，无坚不入。志于道，则义理道理为之主，而物欲不能移，由是而据于德，而依于仁，而游于艺语出《论语·述而》。大意是：根据在德，依靠在仁，涉猎于礼、乐、射、御、书、数之中，自不失其先后之序、轻重之伦次序，本末主次，先后兼该兼备，内外交相互养修养，涵

训曰：孔子说："立志于学道。"所谓的"志"，就是用心的意思。人性没有不善的，那么人心原无不正。但在运用的时候就有正和不正的分别了，这一点我们不能不审察。孔子凭着天生的禀赋成为圣人，可是还必须在十五岁时就立志于学。大概"志"是提升道德修养的基础，昔日的圣贤没有人不是从这里发端。志向要去哪里，无论多远，没有达不到的；立志要去的方向，无论有多大的困难，都必须战胜。一个人如果立志于道，那么他将以义理为根本，不为任何物质欲望所动摇，由此而以德为依据，以仁为依托，又涉猎其他技艺，自然不会失却其先后的次序、孰轻孰重的排列，使主次都能得到兼顾，里外都能

相互涵养，从容地领悟一切，这样就能不知不觉地进入圣贤的境界了。

泳<small>深刻领悟</small>从容，不自知其入于圣贤之域矣。

评析　"精诚所至，金石为开"，一个人精神修养的功夫如果能够达到至诚的状态，那么他就可以变不可能为可能。无论是做人还是做事，我们始终都应该抱以恒心。从康熙这位有作为的君主身上所发出的这类号召，显然于我们有着振聋发聩的意义。

训曰：凡人尽孝道欲得父母之欢心者，不在衣食之奉养也。惟持善心、行合道理以慰父母，而得其欢心，斯可谓真孝者矣。

训曰：一个人恪尽孝道想讨父母欢心，得到父母的欢心，不只在衣食方面的奉养。只有保持一颗善良的心，行为举止符合道理，以此慰藉父母而让他们高兴，这才称得上是真孝。

评
析

康熙的孝顺观是，不仅要在物质上奉养父母，更要给他们以精神上的安慰与关怀。孔子曾说："父母惟其疾是忧。"朱熹解释说："言父母爱子之心，无所不至，惟恐其有疾病，常以为忧也。人子体此，而以父母之心为心。"为人父母的，大多望子成龙，希望孩子能有出息，得到别人的尊重。做子女的如果理解这一点，就应该多行善事。这也是给父母的精神安慰。

训曰：《孝经》这本书详尽地说明了为人子侍奉双亲的道理，是千秋万代人伦的准则，实在是天之经、地之义、民之行的规范。推究孔子所以作经的本意，应该是希望后世读书人能够身体力行，用以宣扬教化，敦厚风俗。它的意旨深远，作用宏大。学者自己应当用心诵读，铭记在心，信奉实践，不可丧失。

训曰：《孝经》<small>中国古代儒家的伦理学著作。相传为孔子后学所作。儒家经典著作</small>一书，曲尽<small>详细阐述</small>人子事亲之道，为万世人伦之极，诚所谓天之经，地之义，民之行也。推原孔子所以作经之意，盖深望夫后之儒者身体力行，以助宣教化<small>政教风化</small>而敦厚风俗。其旨甚远，其功甚宏。学者自当留心诵习，服膺<small>铭记在心，衷心信奉。膺 yīng，胸</small>弗失可也。

评析

《孝经》是儒家经典，相传为孔子后学所作，宣传宗法思想、孝道观念。康熙作为一国之主，强调孝道乃天经地义之事。从大的方面讲有利于国家的治理，从小的方面说有益于家庭的和睦。老有所养，老有所乐，才是理想社会的体现。我国目前已经进入老龄社会，如何有效地解决老龄社会所面临的问题，可以向传统借鉴学习。

训曰：为臣子者，果能尽心体贴君亲_{皇帝和父母}之意，凡事一出于至诚，未有不得君亲之欢心者。昔日太皇太后_{康熙的祖母孝庄文皇后}驾诣_{yì。到}五台，因山路难行，乘车不稳，朕命备八人暖轿。太皇太后天性仁慈，念及校尉_{军职名。此指卫士}请轿_{抬轿。"请"为委婉之辞，表敬意}步履惟艰，因欲易车。朕劝请再三，圣意不允。朕不得已，命轿近随车行。行不数里，朕见圣躬_{指太皇太后}乘车不甚安稳，因请乘轿。圣祖母云："予已易车矣，未知轿在何处，焉得即至？"朕奏曰："轿即在后。"随令进前，圣祖母喜极，拊朕之背称赞不已，曰："车轿细事，且道

训曰：凡是作臣下的，确实能尽心体谅君亲的意图，做任何事情都能出自真诚、发自内心，那么就没有得不到君亲欢心的。以前，太皇太后驾幸五台山，因为山路难行，坐车子不安稳，我命人准备了八抬暖轿。太皇太后天性仁慈，顾念到侍卫们抬轿行走更加困难，因而想换乘车子。我再三劝请，她都不答应。无奈，我只能让侍卫抬着暖轿紧随在车后面。走了不到几里路，我发现太皇太后坐在车里不太安稳，因此请她还是坐轿。皇祖母说："我已经换乘车了，怎知轿在哪里，哪能心想轿子就到呢？"我上奏说："轿就紧随在后面。"随即命令暖轿进前。皇祖母高兴极了，抚着我的背不停称赞，说："备车、轿都是小事，更何况是在路途之

中，但是你侍奉祖母的这份诚意却是无微不至，这实在是大孝。"这是由于我做事合乎祖母的心意，而降下的欢爱懿旨。可见，凡是做臣子的，只要真心敬爱，实在体恤，没有得不到君上双亲欢心的。

途之间，汝诚意无不恳到_{犹恳至，恳切，}实为大孝。"盖深惬_{qiè。惬意，满足}圣怀而降是欢爱之旨也。可见凡为臣子者，诚敬存心，实心体贴，未有不得君亲之欢心者也。

评析　康熙借用自己对于祖母的孝心来说明事君亲要尽心体贴。他告诫子孙，要细心体察父母和君王的意愿。很显然，康熙在这里将忠君与孝道结合在一起，他的目的终归要归于他的统治思想。但值得肯定的是，他所提出的事亲要至诚体贴的道理在今天仍然有着重要的意义。

训曰：朕为天下君，何求而不得？现今朕之衣服有多年者，并无纤毫之玷 _{污秽}，里衣亦不至少污，虽经月服之，亦无汗迹，此朕天秉 _{天性。秉bǐng} 之洁净也。若在下之人能如此，则凡衣服不可以长久服之乎？

训曰：我作为天下的君主，要什么不能得到呢？现在我的衣服有的穿了多年，并没有丝毫的污点，内衣上也没有一点点脏污的地方，即使是穿了一个月之久，也没有汗渍，这是我天生洁净啊。倘使下边的人能做到像我这样，那诸多的衣服不就可以长久穿着吗？

康熙厌恶官场的奢靡作风，他借自己的穿衣用度来表明自己的节俭。这既是希望子孙能够养成一个节俭的习惯，也是希望大臣们能够引以为戒，不要铺张浪费。康熙身为一国之君，坐拥天下的财富，但他在平时的生活中却很节约，一件衣服能穿很久。这也很值得我们去学习。

训曰：老子说："知足之人很富有。"又说："知道满足就不会遭到侮辱，懂得适可而止就不会有危险，这样才能保持长久。"为何人们把仅仅用来遮蔽身体的衣服做成千金之裘还不知满足，不知身穿旧衣破袄的人，也无拘无束、自由自在；同样，吃饭也只不过为了充饥，置办万金的食物仍感到不满足，不知饮食清苦的人，也可以自得其乐。我一想到这里，就感到知足了。我虽然贵为天子，但穿衣服也只求适应身体的需求；我虽坐拥天下的财富，但每天日常用餐，除了赏赐给他人外，自己吃的菜肴从来不超过两种。这并不是我勉强自己

训曰：老子〔姓李名耳，字聃。春秋时期哲学家、思想家。道家学派创始人〕曰："知足者富。"又曰："知足不辱，知止〔懂得适可而止〕不殆〔dài。危险〕，可以长久。"奈何〔怎么，为何〕世人衣不过被体，而衣千金之裘犹以为不足，不知鹑衣〔补缀的破旧衣衫。鹑 chún〕缊袍〔以乱麻为絮的袍子。缊 yùn，乱麻〕者，固自若〔自如，无拘束也〕也；食不过充肠，罗〔陈列，摆放〕万钱之食犹以为不足，不知箪食瓢饮〔语出《论语·雍也》。用箪吃饭，用瓢饮水。比喻饮食贫苦。箪 dān，古代盛饭的圆竹器；瓢 piáo，舀水或取东西的工具。多用对半剖开的匏瓜或木头制成〕者，固自乐也。朕念及于此，恒自知足。虽贵为天子，而衣服不过适体；富有四海，而每日常膳，除赏赐外，所用肴馔〔yáo zhuàn。菜肴。肴，指鱼肉一类荤菜；馔，食物〕，从不兼味〔两种以上的菜肴〕。此非

朕勉强为之，实由天性自然。
汝等见朕如此俭德，其共勉之。

做的，实在是由于我的天性如此。
你们看到我如此崇尚节俭的品德，
应当共同勉励。

　　康熙常常以自己生活的习
惯与身边的小事来表明自己的节
俭，告诫子女要节约爱物。他曾
说自己穿衣不追求奢华，只要洁
净舒适就好。在这里又说自己在
饮食方面也不挑剔，日常用餐都
十分简单。康熙以此来训示子孙，
知足常乐，勤俭才能长久，希望
他们能够引以为鉴，相互勉励。

训曰：我曾经听说明代后妃宫室之中，吃的用的养的宫女以及费用实在太多了。后宫宫女有数千人。稍稍有个营建，动辄花费就是数万之多。现在，按我大清朝后宫中各宫的人数加在一起，还不及明代当时皇宫中一宫妃嫔的人数。我大清朝的朝廷及军务国政所需经费和明代大致相仿。至于后宫的花费，我朝一年的费用还不及明朝一个月的多。这是因为我们深知百姓财力艰难，而国家储备至关重要。祖辈代代相袭的家法，亦是以勤俭质朴为风。古人曾说："让一人治理天下，但不能让天下奉养一人。"用这句话作为法则，不敢越雷池半步啊。

训曰：尝闻明代宫闱（宫中后妃居住之地。闱wéi，后妃居处）之中，食御（皇宫中吃饭的宫女，即宫中养的宫女。御yù，指御人，宫女）浩繁。掖庭宫人（妃嫔、宫女的通称），几至数千。小有营建，动（动辄）费巨万。今以我朝各宫计之，尚不及当日妃嫔一宫之数。我朝外廷（外朝。相对皇宫（内廷）而言，指群臣等待上朝和办公议事的地方）军国之需与明代略相仿佛。至于宫闱中服用，则一年之用尚不及当日一月之多。盖深念民力维艰，国储（国家的储蓄）至重。祖宗相传家法，勤俭敦朴为风。古人有言："以一人治天下，不以天下奉一人。"以此为训（法则），不敢过也。

评析

　　康熙将自己朝廷的开销与明朝进行对比，一方面赞赏自己宗族节俭的优良传统，另一方面批判明朝极尽奢靡的作风。明朝的灭亡与其统治阶级奢侈享乐有着不可推脱的关系，康熙希望子孙能够吸取明朝灭亡的教训，厉行节俭。这一美德，从大的方面来说有助于国家的兴盛，从小的方面来说也可以使家庭富裕，值得我们每个人用心学习。

训曰：帽子是头部服饰，最为尊贵。现在有一些卑贱无知的人，把冠帽和鞋袜放在一起，这是最不合礼仪的行为。满族祖上传下来的旧规矩，也是最忌讳这个。

训曰：冠帽乃元服^{即冠帽。语出《仪礼·士冠礼》："令月吉日，始加元服。"元，首，即头}，最尊。今或有下贱无知之人，将冠帽置之靴袜一处，最不合礼。满洲^{部族名称。指满族}从来旧规，亦最忌此。

在这段训示之中，康熙的语气十分严厉。他对鞋帽混放这种事情非常恼火，把做这种事情的人看作是"下贱无知之人"。康熙认为帽子尊贵，鞋子卑微，所以鞋子不能和帽子放在一起，他的言语之中有宣扬封建尊卑等级秩序的意图。这在今天看来，是应当摒弃的迂腐思想。

训曰：如朕为人上_{居上位的。此指皇帝}者，欲法令之行_{推行}，惟身先之，而人自从。即如吃烟_{吸烟}一节，虽不甚关系，然火烛之起多由于此，故朕时时禁止。然朕非不会吃烟，幼时在养母家颇善于吃烟，今禁人而已用之，将何以服人？因而永不用也。

训曰：像我这样身为帝王的人，要想推行法令，只有自己躬行实践做出表率，别人自然会跟着去做。即便如吸烟这件事，虽然不是关系重大，但火烛之患大多由它引起，所以我时时禁止。其实，我并不是不会吸烟，幼年时在养母家里，我是很擅长吸烟的。现在我禁止别人吸烟而我自己却吸，这样如何能使别人信服呢？因此我就永远不吸了。

康熙认为，为人君者要以身作则，在颁行法令时，自己首先要遵守，百姓才会心悦诚服。康熙很会吸烟，但是因为吸烟与自己实行的规定相抵触，所以他戒了烟。他举这个例子来说明如果自己的行为与法令相抵触，那么应当及时改正自己，以此来维护政策的权威。

训曰：有子说："礼的应用，以和为贵。先王的治国之道中这一点很好，不论大小事情都遵循这个道理。遇到行不通的地方，知道为了和谐而追求和谐，不用礼加以约束节制，也是不可行的。""礼"是严格地按照尊卑加以区分的，而"和"则是用以交流感情的。严格了则尊卑贵贱不能逾越；情感沟通了则是非利害也容易通达。管理好家庭、治理好国家、安定好天下，哪一个不是根据这个道理的？

训曰：有子<u>有若。姓有，名若，字子有。孔子学生</u>曰："礼之用，和为贵。先王之道斯为美，小大由之。有所不行，知和而和，不以礼节之，亦不可行也。"盖礼以严分，而和以通情。分严则尊卑贵贱不逾<u>越过</u>，情通则是非利害易达。齐家治国平天下，何一不由于斯？

康熙在此阐述了他的治国之道：推行礼的时候，"和"很重要，而帝王治国则需要"礼""和"兼用。用"礼"来区分尊卑秩序，用"和"来调节人心。如果每一件事情都要按照法度礼节而完全忽视亲情，那么事情就很难行得通。同样，在解决事情的时候，如果只用"和"而忽视"礼"，那么事情也不会尽如人意。因此，治理国家离不开"礼"与"和"二者的兼用。

训曰：学问无他，惟在存天理、去人欲而已。天理乃本然之善，有生之初，天之所赋<u>畀</u>给予。畀bì也。人欲是有生之后，因<u>气禀</u>人生来就有的气质之偏，动于物、纵于情，乃人之所为，非人之固有也。是故，<u>闲邪存诚</u>约束邪念，保持诚实。闲，防备，禁止，所以<u>持养</u>保养，养育天理，提防人欲。<u>省察</u>反省检查自己<u>克治</u>克制私欲邪念，所以辨明天理，决去人欲。若能<u>操存</u>执持心志，不使丧失<u>涵养</u>滋润养育，愈精愈密，则天理长存，而物欲尽去矣。

训曰：学问没有别的，只在于存天理、去人欲罢了。天理就是人原本具备的善性，是出生之初，上天就赋予的。人的欲望是出生之后，受到外界环境影响才形成的，由于气质的不同，因物而心动，因情而纵欲，是人后天之所为，并不是人天生就具有的。所以，要去除邪念，固守诚心，从而涵养天理，提防人的私欲，自我反省克治，从而辨明天理，去除人欲。假使能坚持自我涵养，愈精愈密，那么天理就会得以长存，而物欲可以去除干净。

所谓学问，即是存天理、去人欲。在康熙看来，人们在成长过程中，势必会受到各种因素的干扰，从而会做出与本性不相符合的事情。因此饱读诗书，懂得时时反躬自省，从而能够辨明天理之所在，剔除自己过分的欲望。此则训示中，康熙固守存天理、去人欲，是为了提醒子孙后代万不可过度纵欲，要学会自我反省，自我剖析。然而，在当今社会，"存天理，去人欲"，也受到人们的质疑，究竟如何理解，应当辩证地分析。

训曰：曩者三孽^{指发动叛乱的吴三桂等"三藩"。}孽niè,妖孽作乱，朕料理军务，日昃^{zè。太阳偏西}不遑^{遑huáng,闲暇没有时间。}，持心坚定，而外则示以暇豫^{悠闲逸乐}，每日出游景山骑射。彼时，满洲兵俱已出征，余者尽系老弱。遂有不法之人投帖于景山^{即今北京景山公园}路旁，云："今三孽及察哈尔叛乱^{康熙十四年，蒙古察哈尔部首领布尔尼叛乱。后失败身亡}，诸路征讨，当此危殆之时，何必每日出游景山？"如此造言生事，朕置若罔闻^{不予理睬。罔wǎng,没有}。不久，三孽及察哈尔俱已剿灭。当时，朕若稍有疑惧之意，则人心摇动，或致意外，未可知也。此皆上天垂佑^{赐予护佑}，祖宗神明加护^{加意}

训曰：当初吴三桂等"三藩"叛乱，我从早到晚处理军中事务，没有空闲的时候，但我依旧内心笃定，以从容悠闲的样貌示人，每天都到景山骑马射箭。那时，满洲八旗兵士全部都奔赴了前线，留守的尽是些老弱病残。于是，就有一些心怀鬼胎的人，在景山的路旁扔下一些帖子，上面说："现在'三藩'和察哈尔都叛乱了，军中各部忙于征讨，当此危急时刻，怎么还有景山出游的闲情雅致？"对于这些谣言和事端，我毫不理会。不久，"三藩"和察哈尔的叛乱相继平息。那时，假如我表现出一丝的惊恐与慌乱，军心就会动摇，甚至会发生意外也未可知。这都是上天和祖宗神明护佑，使我能够坚心如铁，周密筹划，终于成就这一大功，使岌岌可危的国家复归安宁。从古至今像我这样自幼就历经磨难的帝王实在是少之又少！如今，四海之内又是国泰民安，但回忆起过去几年我所经历的艰难险阻，反觉胆战心惊。古人常说"居安思危"，讲的就是这个道理。

保护，令朕能坚心筹画，成此大功，国已至甚危而获复安也。自古帝王如朕自幼阅历艰难者甚少。今海内承平（太平，持久太平），回思前者，数年之间如何阅历，转觉悚然（形容害怕的样子。悚 sǒng）可惧矣。古人云"居安思危"，正此之谓也。

评析

康熙之所以能够成就一代霸业，与他居安思危、处变不惊的应变态度有着密不可分的关系。他教育子孙们切记居安思危，要有有备无患而又处变不惊的谨慎和气魄。作为帝王，康熙以他的雄才大略称雄于世，作为普通人，我们更应该谨记不以物喜、不以己悲的人生哲学，在大事面前学会处变不惊。

训曰：今天下承平，朕犹时刻不倦，勤修政事。前三孽作乱时，因朕主见专诚，以致成功。惟大兵永兴被困康熙十三年，吴三桂进军湖南，围困永兴县之际，至信息不通，朕心忧之，现于词色。一日，议政王大臣入内议军旅事，奏毕金qiān。全。都出，有都统武职官名。清朝八旗中每一旗的最高长官毕立克图独留，向朕云："臣观陛下近日天颜帝王的容颜稍有忧色，上试思之，我朝满洲兵将若五百人合队，谁能抵敌？不日永兴之师捷音必至。陛下独不观太祖努尔哈赤太宗皇太极乎？为军旅之事，臣未见眉颦皱眉。颦pín，皱眉一次。皇上若如此，则懦怯，不

训曰：现在天下太平，但我还时时刻刻勤于政事不敢懈怠。过去，"三藩"发动叛乱时，因为我主张坚定，才成功地平定叛乱。只是大军在永兴被围的时候，事情危急，消息不通，我忧心忡忡，于言谈举止间不免流露出忧虑之色。有一天，议政大臣们进宫商议军中事务，他们上奏完后都退下了，唯独都统毕立克图单独留下来，对我说："为臣看皇上近来脸色稍带忧虑。请皇上您仔细想想看，我大清八旗兵士如果五百人集合编队，有谁能抵挡？过不了几天，永兴军队必定会传来胜利的喜讯。难道皇上不知道太祖、太宗的事迹吗？为臣从未见过他们因为征战的事情皱一次眉头。皇上您如果这样，就表示您畏惧了，在这一点上就输给了列祖列宗！您何必为这些事情而

忧虑呢?"我很赞同他的见解。没过几天,永兴的捷报果然来了。所以,我从来不敢轻视别人,认为人家无知。每个人各有自己的观点和主张,我经常告诉诸位臣工,你们只要有所知、有所见都可以上奏。只要是合理的意见,我都嘉奖采纳。都统毕立克图不仅体貌魁梧,相貌堂堂,并且是一个极其诚实的人啊!

及祖宗矣。何必以此为忧也?"朕甚是之。不日,永兴捷音果至。所以,朕从不敢轻量人,谓其无知。凡人各有识见,常与诸大臣言,但有所知所见,即以奏闻。言合乎理,朕即嘉纳_{赞许并采纳}。都统毕立克图汉仗_{体貌雄伟}好_{此指相貌堂堂},且极其诚实人也。

评析　康熙此则训示的中心意思在于:不要轻易轻视任何人,因为每个人对每件事情都有自己的见解,要善于听取采纳别人的意见。在康熙看来,善于听取他人的建议,改正自己的错误才可以成为一代明君。因此,他对大臣们说,所知所见都可以上奏,只要合理,他会嘉奖采纳。

训曰：大雨雷霆之际，决毋立于大树下。昔老年人时时告诫，朕亲眼常<u>尝，曾经</u>见，汝等切记。

训曰：雷雨大作的时候，绝不能站在大树底下。以前老年人常常告诫，我曾亲眼见过，你们一定要记住。

康熙不只是传授读书修身和治国理政的道理给他的子孙们，还常常把日常生活中的一些经验避讳也教给他们。现在，我们了解雷电的发生原理，知道不能在大树下躲避雷雨。在古代社会，这种知识不容易被传播接受，因此康熙叮嘱子孙一定要谨记。由此也可以看出，康熙不仅尽孝时无微不至，在教育孩子时也考虑得十分周到，事无巨细，不轻易放过每一个细节。

母臨渴
而掘井

勿临渴
而掘井

训曰：世人皆好逸而恶劳，朕心则谓人恒劳而知逸_{安逸}。若安于逸则不惟_{不仅，不但}不知逸，而遇劳即不能堪_{勉强承受}矣。故《易》_{《周易·乾》}有云："天行健，君子以自强不息。"由是观之，圣人以劳为福，以逸为祸也。

训曰：世人大都贪图安逸而厌恶劳动，我心里则认为一个人只有经常劳动才能体会得到真正的安逸。倘若习惯于安逸就不但不懂得什么是真正的安逸，而一碰上劳苦的事情就会不能承受。因此《易经》上说："天道强健而运行不已，君子应自觉奋发向上，永不松懈。"由此看来，圣人把辛劳看作是幸福，把贪图安逸看作是灾祸。

优渥的生活容易滋生好逸恶劳之风，康熙担心子女被奢华的物质生活蒙蔽了双眼，贪图享受以至于败坏家财，招致灾祸。因此，他引用圣贤的话语来告诉子孙，只有自强不息，辛勤工作劳动，才能体会到真正的安逸之乐。

训曰：人们的性格，什么样没有啊？有一种脾气执拗的人，别人都认为好的，他偏偏不认为好；别人都认为对的，他反而认为不对。这种人好像忠厚正直，如果任用他，必定会把事情搞坏。因此，古人常说："喜欢人们所讨厌的，讨厌人们所喜欢的，这叫作违背人的天性，灾祸必然会降临到他们的身上。"指的就是这类人吧。

训曰：世人秉性何等无之？有一等**拗性**性情固执。拗 niù，固执，不驯顺 人，人以为好者，彼以为不好；人以为是者，彼反以为非。此等人似乎忠直，如或用之，必然**偾事**败事。偾 fèn，败坏，破坏 。故古人云"好人之所恶，恶人之所好，是谓**拂**违背人之性，灾必**逮** dài。到，及夫身"者，此等人之谓也。

评析

人心非常复杂，需要仔细的辨别才能加以信任。有的人表面看上去可能是很正直的，但这也可能是源自他内心的执拗，如果不加考察就任用他们，则很可能会延误事情。现今社会，利益复杂，我们在交朋友或与他人合作时，也要小心谨慎地对待。

训曰：古人有言："反经_{常规,常}合理谓之权_{变通,权宜}。"先儒亦有论其非者。盖天下止有一经常不易之理，时有推迁，世有变易，随时斟酌，权衡轻重而不失其经，此即所谓权也。岂有反经而谓之行权_{改变常规,权宜行事}者乎？

训曰：古人有言："不合乎常规，但却合乎事理，这就叫作权宜。"先辈儒生也有认为这话错误的。大概天下仅有一个恒常不变的道理，时间有推移，世事有变化，要随时加以斟酌，权衡其轻重缓急，而又不违反这一常规，这就是所谓的权宜变通之法，哪里有违背常理常规而称作是权宜行事的呢？

评
析

古人有言："不合于常法却合乎事理，这就是权宜。"世界上只有一种经常存在的法则，不管世事如何变迁。不存在既违反亘古不变法则，又称之为权宜的情况。康熙在这则训示中告诫子孙，虽然世事推移，但是封建的伦理秩序是不会改变的。他未曾跳脱出"天不变，道亦不变"的思想。

训曰：大凡高贵的人都能够端正久坐。我自幼年即位至今，每天不管与诸臣论及政事，还是与文臣们讲论古书、历史，即便是与你们一起在家闲谈说笑，都是十分庄重地端坐着。这是我从小养成，平日修养所形成的。孔子说："从小养成的习惯，如同天性一般自然。"的确是这样啊！

训曰：大凡贵人，皆能久坐。朕自幼年登极以至于今，日与诸臣议论政事，或与文臣讲论书史，即与尔等家庭闲暇谈笑，率皆_{全部都是。率，一概，全都} 俨然_{矜持庄重} 端坐。此乃朕躬自幼习成，素日涵养_{此为修养之意}之所致。孔子云："少成若天性，习惯如自然。"其信然乎。

评析

　　康熙告诫子孙，儿时养成的品性，会习惯成自然，对今后的人生产生重大的影响。作为常人，我们应该从小注意养成良好的行为规范，这将受益终身。

训曰：出外行走，驻营之处最为紧要。若夏秋间雨水可虑，必觅高原，凡近河湾及洼下之地，断不可住。冬春则火荒可虑，但觅草稀背风处，若不得已而遇草深之地，必于营外周围将草刈_{yì。割}除，然后可住。再有人先曾止宿之旧基不可住，或我去时立营之处，回途至此，亦不可再住。如是之类，我朝旧例，皆为大忌。

训曰：外出行动，选择安营扎寨的地方最为重要。如果是夏秋季节，要考虑雨水的问题，一定要找一个地势高的地方，凡是临近河湾以及低洼的地方，千万不可宿营。冬春季节，要考虑防火的问题，一定要寻找草稀背风的地方，如果不得已遇到草深的地方，一定要把营地周围的草割掉，然后才能驻扎下来。还有，别人曾宿营过的地方不能住，或者我去的时候驻营的地方，回来时也不可再住。诸如此类，按照我们大清的老规矩，都是宿营的大忌。

清朝军队擅长行军打仗，积累了很多安营扎寨的经验。康熙也曾多次带兵出征，深知选择宿营驻兵之地的重要性。康熙的子孙都是长于深宫之中，可能对这些知识不甚了解。因此，他谆谆告诫子孙，行军途中首先要注意的就是防火和防水。

训曰：走远路的人，乘马行走几十里路，马匹就出汗了，这时断不能让马饮水。秋季还无所谓，春季就是马没有汗，也不能让它饮水。如果饮了，马肯定会落下毛病。你们千万要记住啊！

训曰：走远路之人，行数十里，马既出汗，断不可饮之水。秋季犹可。春时虽无汗，亦不可令饮。若饮之，其马必得残疾。汝等切记！

评析

满族是游牧民族，十分了解马匹的习性，也知道马匹的重要性。这则训示就是在告诉子孙驯养马的方式方法。作为统治阶级，有时要巡视四方，巡视的过程中有可能会遇到一些突发的情况。康熙深谋远虑，考虑到这一点，因此叮嘱子孙要养护好马匹，在马出汗之时，不能让它们饮水。

训曰：天道好生，人一心行善，则福履<u>犹福禄</u>自至。观我朝及古行兵之王公大臣，内中颇有建立功业而行军时曾多杀人者，其子孙必不昌盛，渐至衰败。由是观之，仁者诚为人之本与？

训曰：上天是怜悯一切生灵的。人如果一心只做善事，那么福分和禄位自然降临。纵观我朝和古代带兵打仗的王公大臣，其中有相当多的人建立了功业却在行军时杀人太多，这些人的后代子孙必然不会兴盛，甚至逐渐衰败。由此看来，"仁"实在是做人的根本啊！

评析

常言道"行善积福"，这种福气有时会报答在子孙身上。即使身居高位，也要一心向善。康熙说，带兵打仗的大臣中，有些人会放纵自己的手下去烧杀为恶。也许他们不会立刻遭到报应，但是灾祸可能会在冥冥之中降临到他们的子孙的身上。这也给我们一些启示，生活中与人为善，往往能够福荫绵长。

训曰：凡人活于世上，只当追寻内心的欢悦祥和。内心欢喜自然有一番吉祥景象。因心中充满喜悦之情，就会产生善念；心中充满愤恨，就会产生恶念。所以古语说："人产生了一个善良的念头，即使没有付诸实践，吉祥也已经降临他身上；人产生了一个邪恶的念头，即使没有付诸实践，凶神也会跟上他。"这真是至理名言呀！

训曰：凡人处世，惟当常寻欢喜。欢喜处自有一番吉祥景象。盖喜则动善念，怒则动恶念。是故古语云："人生一善念，善虽未为，而吉神已随之；人生一恶念，恶虽未为，而凶神已随之。"此诚至理也夫！

评
析

人生不如意之事十有八九。在生活中，我们要学会坦然处之，保持积极乐观的生活态度。如果总是对生活抱有恶意，久而久之，心中就会产生邪恶的念头。不但自己不快，还可能会招致祸患。因此，如果想要一个美好的生活，首先自己要有一个良好的心态。心中有向善的念头，幸运之神也会悄然降临。

训曰：人心一念之微，不在天理，便在人欲。是故心存私便是放纵，不必逐物追求外物驰骛奔走。骛wù，奔跑然后为放也；心一放便是私，不待纵情肆欲极欲，任情然后为私也。惟心不为耳目口鼻所役驱使，始得泰然安详闲适的样子。故孟子曰："耳目之官官能，功能不思，而蔽于物，物交物，则引引诱之而已矣。心之官则思，思则得之，不思则不得也。此天之所与我者。先立乎其大者，则其小者不能夺也。此为大人而已矣。"

训曰：人的内心哪怕是一个极小的念头，如果不是在思考人生的道理，就是在思忖自己的七情六欲。因此，内心存有私欲，就是放纵，它的定义并非局限于为追求外物而奔走不停才称得上是放纵；内心稍一放纵，私欲随之产生，不用等到纵情极欲之后才被称为私欲。只有人的内心不被感官所驱使，才能保有安详闲适的心境。所以孟子说："耳朵眼睛的功能不是思考，所以人易被外物所蒙蔽，一与外物接触，便会被外物吸引诱惑。心的功能是思考，勤于思考就会有所收获，疏于思考就不会有收获。这是上天赐予我们的。把心这个身体的重要部分树立起来，其他次要部分就不会被引入迷途。这样做就可以成为高尚的人了。"

评析

古语云："合抱之木，起于毫末。"又说："千里之堤，溃于蚁穴。"这些都可以借鉴到修身养性方面。康熙认为，在修身的时候，要从细节做起，同样的，在抵制诱惑时，也要注意一些微小的事情。人心一念之间就会产生许多私念，耳目口鼻所感受到的诱惑也会刺激我们。如果不留心约束自己的话，很可能会受私念引诱而走向歧途。

训曰：《大学》[论述了儒家修身治国平天下的思想。相传为春秋时期孔子的学生曾参所作。儒家经典著作]《中庸》[为《礼记》第三十一篇。作者是谁尚无定论。写于战国末期至西汉之间。儒家经典著作]俱以"慎独"[慎于独处。即一个人独处时也能谨慎不苟。是儒家提倡的自我修养道德的方法]为训，是为圣贤第一要节。后人广[引申，推衍]其说曰"暗室不欺[在没有人看见的地方，也不做见不得人的事]"。所谓暗室，有二义焉：一在私居独处之时；一在心曲[内心深处隐蔽不显]隐微[隐蔽不显]之地。夫私居独处，则人不及见；心曲隐微，则人不及知。惟君子谓此时指视必严[一指一视之间，即每一瞬间都要严正]也，战战栗栗[因戒惧而小心谨慎的样子。战战，戒惧的样子；栗栗 lì lì，发抖]，兢兢业业[形容做事小心谨慎。兢兢 jīng jīng，小心谨慎的样子；业业，畏惧的样子]。不动而敬，不言而信。斯诚不愧于屋漏[语出《诗经·大雅·抑》："相在尔室，尚不愧于屋漏。"大意是：看你独自在室内，仍然无愧于神明。屋漏，古代室内西北角安放小帐的地方]而为正人也夫。

训曰：《大学》《中庸》都把"慎独"作为训诫，这是古代圣贤视为第一重要的操守。后人扩充其内涵把它解释为"不欺暗室"。所谓暗室有两层含义：一是指私下里独处的时候；一是指内心深处隐蔽不显的地方。当独处时，别人看不到；内心深处隐蔽处，别人也无法了解。只有君子才认为这个时候，每一刻都要严谨庄重，时时戒惧，时时谨慎。未行动前，就心存敬惧；话未出口，就充满诚信。这才真正是无愧于神明的正人君子。

评析

康熙用"暗室不欺"这个成语来告诫子孙要"慎独"，同时，他指出"暗室不欺"的两个意思。我国古代形成的笺注义疏的学术方法十分有趣。在注疏时，古人往往会对原有的道理做出不同的阐释，这种仁者见仁智者见智的观点往往给我们带来更加全面的启示。在读书时，我们可以采纳不同的见解，吸收不同解释的合理成分，在不同观点的碰撞之中，培养自己的独立思考能力。

训曰：为人上者，教子必自幼严饬严格教导。饬 chì，告诫，教导 之始善。看来有一等王公之子，幼失父母，或人惟有一子而爱恤爱护顾惜。恤 xù，顾及 过甚，其家下仆人多方引诱，百计想尽或用尽一切办法 奉承。若如此娇养，长大成人，不至痴呆无知，即多任性狂恶。此非爱之，而反害之也。汝等各宜留心。

训曰：身份高贵的人，教育子女一定要从小严格教导管束才会有好的结果。我看到有一些王公大臣之子，他们从小失去父母，或者是家中独子，因此受到过多的爱护和疼惜，家里的仆人们又多加引诱，想尽办法阿谀奉承。像这样娇生惯养，长大成人后，即使不至于痴呆无知，也大多任性蛮横、狂妄凶暴。这样做并不是爱他，反是害了他。你们各自应当小心！

评析

从这则训示中可以看出，康熙注意到了为人父母者往往会溺爱娇惯独生子女。这种现象在当今我国比较普遍。爱子之心，无可厚非。但是就像康熙所指出的，过度的爱恤可能会对孩子的长远发展产生一些不好的影响。独生子女的父母，在教育孩子时如何拿捏好分寸，这是一个值得深思的问题。

一粥一飯
當思來處
不易

一粥一饭
当思来处
不易

训曰：人之才行才能和操行，当辨其大小。在大位者，称其清廉可矣，若使役人等，亦可加以清廉之名乎？朕曾于护军清朝以守卫宫城的八旗兵为护军 骁骑xiāo jì。古代禁卫军军营名，也称其将领中问其人如何，而侍卫有以端密正直缜密对者。军卒人等岂堪当此？端密乃居大位之美称，军卒止可言其朴实耳。

训曰：评价一个人的才干品行，应当根据他地位的高低、官位的大小。身居高位者，称赞他"清廉"是可以的。如果评价那些供人役使的下人，也可以使用"清廉"加以赞誉吗？我曾经在护卫军、骁骑营中询问某人如何，侍卫中有人竟以"正直缜密"这样的评价来回答我。像兵卒这类人，怎当得起这种评价呢？"正直缜密"是身居高位者才能享用的美称，兵卒最多只可以说他"朴实"罢了。

康熙十分注意尊卑等级秩序，在他看来，即使是使用赞美之辞，也要注意对象的阶级，不可僭越违礼。这段训示可以当作史料的补充，它与康熙王朝的诸多高压政策殊途同归，从中也可以看出一代明君康熙对臣民思想的钳制。同时，这段话也给了我们一些启示，在我们使用尊称或者谦称时，要仔细辨别，选用妥帖的词语，以免带来尴尬。

训曰：你们平日应当经常约束、管教下属，不要让他们胆大妄为，干预朝中政事，要留心做事恭敬谨慎为好，一定不可听信下贱小人说的话。那些小人，遇到对他们有利的事，只会贪图好处，根本不顾及坏名声会落到你们身上。一时不谨慎，可以吗？

训曰：尔等平日当时常拘_{约束}管下人，莫令妄干外事_{指外朝政事。宫廷建筑，分内宫、外朝。内宫是皇帝及其家人生活的地方；外朝是与诸大臣处理政事的地方，故称政事为外事}，留心敬慎为善，断不可听信下贱小人之语。彼小人遇便宜处，但顾利己，不恤_{顾及、顾念}恶名归于尔等也。一时不谨可乎？

此则训示中虽也有封建等级尊卑观念的体现，但是也有它的道理所在。在古代社会，有些仆人会仗着主人的势力，打着主人的名号干坏事，玷污主人的名声。因此，康熙告诉子孙要严格管束自己的仆人。同时，他指出有一些下人的眼光短浅，往往见小利则忘义，不顾及自己的声誉，但凡有所追求的人不要被他们的巧言令色所蛊惑。

训曰：凡人存善念，天必绥 sui。安抚 之福禄，以善报之。今人日持念珠 佛教徒念佛时记诵经次数的串珠，又称佛珠或数珠。一般由 108 颗珠子串成，故又名百八丸 念佛，欲行善之故也。苟恶念不除，即持念珠何益？

训曰：大凡一个人心存善念，上天一定会用福分和禄位来安抚他，用善意来回报他。当今之人每天手持念珠诵经念佛，也是欲为善行、想做善事的缘故。倘若心中的恶念不去除，即便是手持佛珠，又有什么意义呢？

此则训示告诫我们，在看待问题时要抓住事物的本质，不要流于形式和表面。譬如持斋念佛，佛门中人讲究的是慈悲，积善行德，这才是真谛。上天也会为这种人赐福。而持念珠、念佛经在一定意义上只是外在的形式，如果心中的恶念没有泯灭，只是流于形式，那就是本末倒置了。

训曰：近世以来人们以为不吃肉就是在持斋。殊不知古人持斋是和守戒同时进行的。《周易·系辞》说："（圣人）进行斋戒，使自己的德化神明。"所谓斋，就是齐，就是整顿心中杂乱的念头而归于虔敬；所谓戒，就是戒除不正当的想法和虚妄的念头。古之人没有一日不持斋，没有一天不守戒的。现在的人以每月的某一天持斋，已经与古人有差距了。不过，持斋本来就是件好事，可以感奋激发人们的善念，只是不知道他们的戒心到底怎么样。

训曰：近世之人，以不食肉为持斋 遵行戒律不茹荤食。佛教原谓过午不食，后多指素食 。岂知古人之斋必与戒并行。《易·系辞》曰："斋戒以神明其德。"所谓斋者，齐也，齐其心之所不齐也；所谓戒者，戒其非心妄念也。古人无一日不斋，无一日不戒，而今之人，以每月之某日某日持斋，已与古人有间 jiàn。差距。然持斋固为善事，可以感发人之善念，第不知其戒心何如耳。

评析

康熙论述了斋与戒之间的关系。他教育子孙要持斋与守戒并举，否则就只能成为伪善。如今的社会，太多的人以自己的利益为中心。当遇到困难的时候就开始对神佛顶礼膜拜，一旦情况变好，便会遗忘自己当初的信仰。因此，做一个慎始敬终的人，是这则训示的意义所在。

训曰：世上人心不一，有一种人，不记人之善，专记人之恶。视人有丑恶事，转以为快乐，如自得奇物者。然此等幸灾乐祸之人，不知其心之何以生而怪异如是也！汝等当以此为戒。

训曰：世上人心各不相同，有一种人，从不记人的善事，专记人的恶迹。看到人有了不好的事情，反而觉得快乐、高兴，就好像自己得到了珍奇的东西。然而，像这种幸灾乐祸的人，不知道他们的心怎样生得如此怪异！你们千万要以此为戒。

人与人不同，有一种人让人觉得厌恶。他们从未记得别人的好处，只记得别人的坏处。当他们发现别人遇到不好的事情时，就如获得珍宝一样快乐。对于这种幸灾乐祸的人，没有人知道他们的内心。康熙说的这样的人，在我们现实生活中也有，这些人喜欢打探别人的消息，他们靠打击、诋毁别人为乐。我们必须远离这类人，同时，我们也应该具有良好的品德，乐于善于发现别人的优点，给以肯定赞扬，这也是做人的最基本的原则。

训曰：大清建国初年，很多人都害怕得天花，直到我终于找到了种痘的方法。你们及你们的孩子都由于种了痘而得以身体安康。现在边外的四十九旗和喀尔喀各部都命令他们种痘，凡是种痘的都得以痊愈了。曾记得当初开始种痘的时候，老人们还认为怪异，我坚持要做，于是保全了成千上万人的生命。这难道仅仅是偶然吗？

训曰：国初人多畏出痘﹝即天花。由天花病毒引起的一种烈性传染病﹞，至朕得种痘方。诸子女及尔等子女皆以种痘得无恙﹝yàng。病﹞。今边外四十九旗﹝县。内蒙古行政区划﹞及喀尔喀﹝蒙古部落名﹞诸藩俱命种痘，凡所种皆得善愈。尝记初种时，年老人尚以为怪，朕坚意为之，遂全此千万人之生者，岂偶然耶？

评析

此则训示意在告诫子孙们，作为帝王要关心民瘼。清朝初年，许多百姓得了天花病去世，但是老年人仍然因为种痘怪异而对之持否定态度。康熙力排众议，为许多小孩子种痘，保全了千万人的性命。以此也可见，作为国君要有自己的识见与魄力。

训曰：人惟一心，起为念虑_{思虑，念头。}念虑之正与不正，只在顷刻之间。若一念之不正，顷刻而知之，即从而正之，自不至离道之远。《书》《尚书·多方》曰："惟圣罔念作狂，惟狂克念作圣。"一念之微，静以存之，动则察之，必使俯仰_{举止}无愧，方是实在工夫。是故古人治心防于念之初生，情之未起，所以用力甚微而收功甚巨也。

训曰：人只有一颗心，心动则产生思想念头。念头的正与不正之别，只是顷刻之间的事。如果一个念头不正，片刻之间就知道了，立即进行纠正，这样自然就不会离开正道太远。《尚书》说："圣明的人不善思考就会变得无知，无知的人勤于思考就能变得圣明。"一个小小的念头，安静的时候保存它，动念头时就要审察它，一定要让一举一动都无愧疚，才是修身养性的实在功夫。因此，古人修养身心，预防邪恶在念头初生、感情未萌之时，所以用力很小而收效却很大。

评
析

人心每天都会产生无数的念头，其中既会有灵感也会有邪虑。我们要善于辨别这些念头，有利于身心发展的则默记于心中，对那些不正的思绪则要及时改正，将它们遏制在初生之时。古人修养身心总是从防微杜渐开始，坏习惯一旦养成便很难改掉，因此不得不谨慎对待内心的各种想法。

训曰：一个人成为圣贤，并非他天生如此，而是有一个积累的过程。从有恒心者逐渐成长为有道德的人，从有道德的人逐渐修习成为君子，再由君子发展成为圣人，这其中层次等阶的区分，完全取决于这个人学养修为的深浅。孟子说："仁，也是在于使之成熟罢了！"积累德行的人也要务求成效达到修为的最高境界啊。因此，有志于为善的人，起初阶段要充实培养，继而要巩固保全，终身决不后退，然后才能收到日增月长的效果。"所以，追求最大诚心的德行是永无休止的，没有止息就会保持长久，保持长久就会显露于外，显露于外就会悠久绵长，悠久绵长就会广博深厚，广博深厚就能卓尔不凡。"其功用怎能估量呢？

训曰：人之为圣贤者，非生而然也，盖有积累之功焉。由有恒而至于善人_{有道德的人}，由善人而至于君子，由君子而至于圣人，阶次_{等级次序}之分，视乎学力之浅深。孟子_{名轲，字子舆。战国时期思想家、教育家。儒家学派的代表人物}曰："夫仁，亦在乎熟之而已矣。"积德累功者，亦当求其熟也。是故有志为善者，始则充长之，继则保全之，终身不敢退，然后有日增月益之效。"故至诚无息，不息则久，久则征，征则悠远，悠远则博厚，博厚则高明_{语出《中庸》。息，停止；征，显露于外；博厚，博大深厚}。"其功用岂可量哉。

无论是读书还是修身都有一个循序渐进和日积月累的过程。康熙这段训示引经据典，用华美的语言条理清晰地指导子孙进修之道。这种修身的道理对我们来说也仍然很实用，没有人生下来就能够做圣人，只要有志于向善，不断充实自己，一样可以成为一个有作为的人。

训曰: 我从小就不喜欢饮酒, 不过, 我是能喝而不喝。平日饭后或逢年过节举行宴席的日子, 只是用小杯喝一杯。有的人一滴酒都不能喝, 那是天生不能喝酒。像我这样能喝酒却不喝, 才是真正不喝酒的啊。大概贪酒之人, 其意志被酒所迷乱以至于糊涂愚昧, 或造成疾病。酒的确不是有益于人的东西, 所以夏禹把绝对戒酒作为治国修身的要义加以实施。

训曰: 朕自幼不喜饮酒, 然能饮而不饮。平日膳后, 或遇年节筵宴之日, 止小杯一杯。人有点酒不闻者, 是天性不能饮也。如朕之能饮而不饮, 始为诚不饮者。<u>大抵</u>大概, 大致嗜酒则<u>心志</u>意志为其所乱而昏昧, 或致病疾, 实非有益于人之物, 故 <u>夏</u>夏禹。相传禹时仪狄酿酒, 禹饮而甘之, 遂疏仪狄。禁饮旨酒, 说: "后世必有以酒亡国者。" 先后以<u>旨酒</u>美酒为深戒也。

中国的酒文化可谓是源远流长, 无数的文人骚客歌颂美酒, 也借助于饮酒创造出璀璨的文学作品。但是, 酒能激起浪漫的想象, 却也可能会误事。人君要管理整个国家, 需要保持清醒的头脑。因此, 康熙劝诫子孙不要饮酒误事。

训曰：原_{推究}夫酒之为用，所以祀神也，所以养老也，所以献宾_{敬酒于客}也，所以合欢也。其用固不可少，然沉酣_{hān。酒喝得很畅快，尽情}湎_{miǎn。沉迷}溺_{nì。沉迷}不时不节_{不分时间，不加节制}则不可。是故先王因为酒礼，宾主交错_{指古代祭毕宴饮时互相敬酒的程序。东西正对面敬酒为交，叙对面敬酒为错}，揖让升降，温温其恭，威仪反反_{语出《诗经·小雅》："其醉未醉，威仪反反。"反反，慎重}。立监佐史_{语出《诗经·小雅》："凡此饮酒，或醉或否。既立之监，或佐之史。"监，酒监，宴会上监督饮酒的人；史，酒史，酒宴饮时主持酒令的人}，常以三爵_{jué。古代的一种酒器}为限，况敢多饮乎？此先王之所以戒酒失也。奈何今之人无故而饮，饮必醉而后已。富家子弟败家破产，身罹_{lí。遭受}疾厄，皆由于此。而贫穷者，才得几文，便沽_{gū。买}

训曰：推究一下酒的用途，本是用来祭祀神灵的，用以奉养老人的，用来敬献宾客的，用来大家联欢的。它的用途固然不可缺少，但是沉溺于其中，以至于不分时候、不加节制则不可。因此，古代圣王为此制定了酒礼，宾客和主人互相敬酒，彼此揖让，温雅恭敬，仪表庄重矜持。酒筵之上立酒监和酒史，常以三杯为限，怎敢多喝呢？这是先王用来防止酒后失礼失德的。为何当今的人们，没有任何缘由就去喝酒，喝起酒来一定要喝到大醉才肯罢休。富家子弟败家破产，身患疾病，遭遇厄运，都是因为喝酒。而那些穷苦的人，刚刚得到几文钱，就

买酒来喝得酩酊大醉，醉后行凶遭祸，为何到处都有？因此《尚书·周书》以酒作诰说："我国臣民犯上作乱，丧失德行，同样无不是酗酒乱行。"

饮尽醉，行凶遭祸，抑何比比？故《周书》_{《尚书·周书》指《酒诰》}以酒为诰 gào。而曰："我民用大乱丧德，亦罔非酒惟行。"

评析

"小酌怡情，豪饮伤身。"康熙并不否定酒的功用，但同时也比较忌讳酗酒。他认为，人醉酒后丑态百出，会导致威仪的丧失。此外，饮酒还可能导致败坏家财以至于倾家荡产。康熙反复叮嘱饮酒之害也给我们提了一个醒。当今社会，饮酒带来的危害更大了，我们要记住美酒虽然爽口，但是不能够贪杯。

训曰：礼义之心，人皆有之，未有安心为非而逆乎人道者也。若或有之，不过百中一二。然此辈亦有所由起，或有负气而纵者，或有使酒_{因酒使性。使，任性}而纵者。夫负气者犹知顾忌，而使酒者竟毫无所畏，此非其人为之而酒为之也。故古之圣王远焉，贤士戒焉。世之好饮者，乐酒无厌，心恒狂乱，遂至形骸_{形体，身体}颠倒，礼法丧失。其为败德，何可胜言。是故朕谆谆_{zhūn zhūn。恳切的样子}教饬_{教导。饬 chì，告诫}尔等断不可耽于酒者，正为伤身乱行莫此为甚也。

训曰：礼义之心，人人都有。没有人存心为非作歹、悖逆礼义人伦。即便偶然有，一百人中间也只不过一两个而已。然而，这类人之所以如此也是有一定缘由引起的：有的是负气放肆，有的是酒后放肆。那些负气放肆的人，还是知道有所顾忌的，而因酒使性放肆的人，竟然毫不畏惧，这不是这类人要这样，而是酒的作用。所以，古代的圣王远离酒，贤人君子戒酒。世上那些好喝酒的人，嗜酒如命，永不满足，他们的内心也永远是狂乱的，所以才举止颠倒，行为失态，礼法观念丧失。酒之败坏人的德行，真是说都说不尽啊！我之所以谆谆教导你们决不能沉溺于酒，正是因为伤害身体、乱人德性，没有比酒更厉害的了。

评析

　　每个人都有礼义之心，即使有人违背礼法，那也是一小部分。康熙认为人违背礼法的原因，很多是由于过量饮酒所致。过量饮酒的后果就是他们对自己的行为毫无顾忌，别人所说的酒后壮胆也就是这样的原因吧。世间好饮酒的人大多会丧失礼法、神魂颠倒。康熙拒绝饮酒最根本的原因还在于告诫子孙，饮酒伤身乱行。现在的人大多以能喝酒为光荣之事，于是在酒桌之上丧失理智一味斗气饮酒，很多人甚至酒后驾驶机动车或是酒后乱行，由此引发了许多惨案，对社会造成不良的影响。因此，戒酒对现代人仍然有借鉴的意义。

训曰：人之养身，饮食为要，故所用之水最切切要，紧要。朕所经历多矣，每将各地之水，称其轻重，因知水最佳者，其分两甚重。若遇不得好水之处，即蒸水以取其露指蒸馏水烹茶饮之。泽布尊旦巴胡突克图今通称哲布尊丹巴呼图克图。此指喀尔喀蒙古最大的活佛乍那巴乍耳。哲布尊丹巴，蒙古语，至高光明之意；呼图克图，蒙古语，活佛传世之意 多年以来所用，皆系水蒸之露也。

训曰：人的养生，以饮食为关键，所以所用的水最为切要。我亲身经受得多了，每次把各地的水称称轻重，从而知道最好的水，它的分量都很重。如果遇不到有好水的地方，就蒸水，并用蒸馏水煮茶来喝。泽布尊旦巴胡突克图多年来饮用的都是蒸馏水。

康熙的生活常识非常丰富，作为一代帝王，他对许多的生存之道了然于心。康熙对饮水有着很高的要求，因为水是生命之源，必须加以重视。他会将各地的水进行称重，也会对不合格的水进行蒸馏。如今，快节奏的生活早已打乱人的生活状态，因此要学会生活，善于生活。

训曰：我避暑的时候，曾经在乌城、热河等地捕鱼，见侍卫、仆从中年纪小的人，我可怜他们不谙水性，往往内心充满惊恐。所以，我的孩子们自幼都让他们学会游泳，即便学得不够精练，与那些不习水性的人比，也大不相同。所以乘船过河，我都不会担心牵挂你们。可见人们凡学一种技艺，一定会对自身有益。我大清的先辈们曾说："一点点的小技艺，对自身也会有好处。"的确是这样！

训曰：朕避暑时，曾于乌城 地名。在承德避暑山庄附近、热河 清代热河道，治所在热河县。清代避暑胜地 等处捕鱼，见侍卫、执事 供役使的人、仆从人中年纪幼小者，怜其未习于水，每怀怵惕 chù tì。恐惧警惕。故朕诸子自幼俱令其习水，即习之未精者，较之若辈亦大不同。所以行船涉水，总不为汝等牵挂也。可见，为人凡学一艺，必于自身有益。我朝先辈尝言："一粒之艺，于身有益。"诚谓是与！

评析

父母总是希望能够给孩子无微不至的保护与关怀，但是父母不可能时时刻刻守护在子女身边。因此，教会他们求生自救的方法就显得十分重要了。康熙在其他孩子那里看到令他担心的事情时立刻就念及了自己的孩子，把应对那种困难的方法教给孩子。这也给年轻的父母们一定的启发。

训曰：今外边之无赖小人及太监宫廷宦官等，惯詈lì。骂，责备骂人，且动辄发誓，亦如骂人之语，皆出自口。我等为人上者，断乎不可。或使令之辈有过，小则责之，大则扑鞭打之，詈骂之亦奚xī。何，何事为？污秽之言轻出自口，所损大矣，尔等切记之。

训曰：现在外面的无赖小人以及宫中太监们，习惯于开口骂人，而且动不动就赌咒发誓，也如骂人的话，都出自口中。我们作为在上之人，断然不能如此。有时候奴仆们有过，如果是小事就斥责他，大事就要打他们，为什么要骂他们啊？如果脏话轻易出口，那害处就大了。你们千万要牢记。

评
析

康熙告诫子孙，在管教家仆下人之时，用污言秽语来辱骂他们不仅毫无益处，还会有损于自己的形象。管教仆人要使他们接受到教训，但是对他们来说辱骂是无关痛痒的。因此，如果是小过错，就责备他们，如果是严重的错误，就打他们。

训曰：凡是人就不可能没有好恶之心，只要能战胜自己的私心就好。如果真能做到见到善事就喜欢，见到恶行就鄙弃，那好恶之情就不能牵累我们的心了。人对于喜怒也是如此，高兴的时候不可能不遇到令人生气的事，而生气的时候也不可能不遇到让人高兴的事情。因此，《大学》里说："愤怒和欢欣之时，人的心都难以保持平静正直。"说的就是这个道理。

训曰：凡人不能无好恶，但能胜其私心则善。诚见善而好之，见恶而恶之，则不能牵累吾心矣。人于喜怒亦然，喜时不能不遇可怒之事，怒时不能不遇可喜之事。是故《大学》云"忿懥 fèn zhì。发怒 好乐，皆难得其正"者，此之谓也。

每个人都有自己的心性和脾气，在彼此相处的过程中难免会遇到一些不同的见解和偏好。而我们在为人处世之时，要尽量保持一颗平常心，平静地对待这种差异，克服内心的私念，见到真正美好的东西要给予赞美，同时也要敢于批评丑恶的事物。

训曰：人生于世，无论老少，虽一时一刻不可不存敬畏之心。故孔子曰："君子畏天命，畏大人 在高位的人，畏圣人之言。"我等平日凡事能敬畏于长上 长辈,尊长，则不得罪于朋侪 chái。辈,类，则不召过，且于养身亦大有益。尝见高年有寿者，平日俱极敬慎，即于饮食，亦不敢过度。平日居处尚且如是，遇事可知其慎重也。

训曰：人生在世，无论是老少，即使是一时一刻，也不能不保持敬畏之心。所以孔子说："有道德的人敬重天命，敬重身居高位的人，敬重圣人的谆谆教诲。"我们这些人，平日里做什么事都能敬重尊长，那就不会得罪朋辈，也就不会招来过失，而且对养生也大有好处。我曾经见过那些老寿星，他们平日都十分恭敬谨慎，即使对于饮食也不敢过度。平日居家尚且如此，遇事的时候，他们的慎重可想而知了。

在日常的生活中要始终保持一颗敬畏之心，尊敬长辈和德高望重者，牢记他们的谆谆教导，会有助于我们和朋辈和睦相处，就不会招致心灵上的不快。对于饮食行止的规律也要保持一颗敬畏之心，如此会有益于我们身体健康。在现代社会，利益错综交杂，我们的生活规律也杂乱不定，为了身心健康着想，康熙的这段话值得我们反思。

训曰：古代的圣贤，他们说的话就是经，他们做的事就是史。所以，只要翻开书本，就会有益于身心。你们平时诵读经籍典章以及教育子孙后辈，只当以经、史为根本。至于吟诗作赋，虽说是文人的事情，但只要你们平时熟读经史子集，自然很快就可掌握。年幼时学习，绝对不可以引导他们读小说之类的书籍。小说所记述的内容，大都是演绎的，没有实实在在的东西，让人读了这些书，有时就会信以为真，而那些品行不端的子弟，甚至会效仿书上的记载行事。他们怎么能够领悟小说的作者运用譬喻、指点等手法的真实用意呢！这些都是训诫子孙后辈的要旨，你们一定要牢记。

训曰：古圣人所道之言即经，所行之事即史。开卷即有益于身。尔等平日诵读及教子弟，惟以经史为要。夫吟诗作赋，虽文人之事，然熟读经史，自然次第 _{转眼，顷刻，迅急} 能之。幼学断不可令看小说 _{依下文，指虚构的故事}。小说之事，皆敷演 _{演绎} 而成，无实在之处，令人观之，或信为真，而不肖 _{品行不好，没有出息} 之徒，竟有效法行之者。彼焉知作小说者譬喻、指点之本心哉！是皆训子要道，尔等其切记之。

经书传达圣人的言谈，史书记载了圣人的行止，经史可谓是诸类书籍的本源。康熙告诫子孙读书要以经史为先，掌握了经史就能做到源清流洁，在其他方面也能有所得。同时，他告诫子孙不要读小说。

训曰：《诗》之为教也，所从来远矣。昔在虞廷（虞的宫廷）命夔（kuí。人名。舜时乐官）为典乐之官，以教胄子（帝王或贵族的长子。胄zhòu），曰："诗言志。"（语出《尚书·舜典》）盖人性情之发，不能无所寄托，而诗则触于境而宣于言者也。自夫子删定而后，三百篇之旨粲然（形容清楚明白。粲càn，鲜明）可观。采之里巷（民间）者为"风"，陈（排列）之朝廷者为"雅"，荐（祭献）之郊（祭天地）庙（祭祀祖宗社稷、神佛）者为"颂"。观其美刺（赞美和讽刺），而善恶之鉴昭矣；观其正变（《诗经》中的正风、正雅和变风、变雅），而隆替（盛衰）之治判矣；观其升歌（祭祀、宴会登堂时演奏乐歌）、下管（大祭时吹奏的管乐器）、间歌（吹笙与歌唱相交替的一种礼制）、合乐（诸乐合奏）之所咏

训曰：《诗经》作为教材，由来已久。过去虞舜在位时，令夔担任乐官，用诗乐等来教育贵族子弟，说："诗是表达思想信念的。"由于人性情的抒发，必须依托于一定的事物情境，而诗是人的性情被情境触发借助于语言来表达的。《诗经》自经孔子删定后，三百篇的主题便清晰可见。从民间采集来的歌谣称为"风"，展陈于朝廷上的乐歌称为"雅"，在祭天地、祖宗社稷和神佛中使用的乐歌称为"颂"。看《诗经》中表达赞颂或讽刺的篇章，人们的行为是善或恶就昭昭可鉴了；了解《诗经》中正风、正雅与变风、变雅的区别，那么朝代更替与政治的兴衰就异常分明了；看《诗经》记录的升歌、下管、间歌、合乐的歌颂赞美，祖先的功德

就真切无误地得以彰显了！千百年以来，借助《诗经》的语句能够理解当年作者的心志，所以说"学《诗经》可以学会联想，可以观察社会，可以广交朋友，可以抨击社会"。孔子以庄重典雅的语言垂教，其中引用称颂的话，只有《诗经》最多。例如《大学》《中庸》《孝经》，每一篇的最后都要引用《诗经》中的语句加以咏叹，可见古人片刻也离不开《诗经》。遥想当年伯鱼在走过庭院时，孔子对他的训导、"学生们为什么不学习诗"的教导，那么凡是有志于学问的人们，怎么可以不把学《诗》作为重要任务呢？

叹长声歌唱，而祖功宗德之实著矣！千载而下，因言识心，故曰"可兴，可观，可群，可怨"语出《论语·阳货》也。夫子雅言之教，称引引证诵说，惟《诗》最多。如《大学》《中庸》《孝经》篇末必引《诗》以咏叹之，亦以见古人之斯须片刻不离乎《诗》也。思夫伯鱼过庭典出《论语·季氏》："尝独立，鲤趋而过庭。曰：'学《诗》呼？'对曰：'未也。''不学《诗》，无以言。'"大意是：孔子问他的儿子伯鱼（孔鲤，字伯鱼）学了《诗经》没有，伯鱼说没有。孔子说："不学《诗经》就不会说话。"之训、"小子何莫学夫诗"语出《论语·阳货》之教，则凡有志于学者，岂可不以学《诗》为要乎？

　　孔子曾说："诗可以兴，可以观，可以群，可以怨。"《诗经》作为一部大型的诗歌选集，收录了先秦诗歌三百余篇，其内容广博精妙，对治理国家也有一定的帮助。早在先秦时期，《诗经》就经常用在外交场合。康熙的这段训示就是在劝导子孙读《诗经》。如今，对于我们普通读者来说，《诗经》的政治功能已经退失了，但是诵读《诗经》仍然能够给我们带来精神上美的享受。

半絲半縷
恒念物力
維艱

训曰：礼之系于人也大矣，诚为范身（规范自身）之具，而兴行（因受感发，起而实行）起化（改变社会风尚）之原也。礼仪（行礼的仪式）三百，威仪（礼仪的细节）三千，大而冠、昏（同"婚"，婚礼）、丧、祭、朝、聘、射、飨（xiǎng。宴请宾客）之规，小而揖让、进退、饮食、起居之节。君臣上下，赖之以序；夫妇内外，赖之以辨；父子、兄弟、婚媾（指两亲家之间的关系。媾gòu，交互为婚，亲上加亲的婚姻）、姻娅（yà。姊妹的丈夫相互间的称呼），赖之以顺而成。故曰："动容中礼而天德备矣；治定制礼而王道成矣。"《礼经》传之者十三家，而戴德（字延君。汉朝礼学家，今文礼学"大戴学"的开创者。世称大戴）、戴圣（字次君。汉朝学者，今文经学的开创者，也称小戴。与其叔父合称"大小戴"）为尤著，圣所传四十九篇，即今之《礼

训曰：礼对于人而言关系极大，它确实是约束人行为的规范，又是加强品行修养、改变社会风尚的本源。礼的总纲虽仅三百余条，但其细目却有三千条之多，大到冠礼、婚礼、丧礼、祭礼、朝见、聘问之礼、宴饮宾客与举行射箭之礼，小到作揖谦让、进退应对，以及日常生活中饮食起居的礼节，都有详细规定。君臣之间、上下级之间的秩序，依靠礼来排列；夫妇内外的职分依靠礼来区分；父子兄弟之间以及各种婚姻、姻亲关系也只有依靠礼才能和顺达成。所以说："言行举止容貌合乎礼的要求，最高的道德就具备了；社会安定后又制订了礼仪，圣王之道也就形成了。"《礼经》的传承有十三家，其中戴德、戴圣最为著名，戴圣所传四十九篇，即是现行的《礼记》，

其余四十七篇，虽然杂出于汉代儒生之说，但传述的也都是圣门格言，其中不乏关乎身心修养的重要思想。既然你们对所学的经典已经熟悉了，正应该学习《礼记》了。孔子说："不学礼，就没有办法在社会上安身立命。"应该用这来勉励自己。

记》是也，其余四十七篇，虽杂出于汉儒之说，亦皆传述圣门格言，有切于身心之要旨。尔等所习本经既熟，正当学《礼》。孔子曰："不学礼无以立。"其宜勉之。

评析

这段训示在讲授礼的功用。在两千多年的封建社会中，"三礼"一直是人们立身处世的行为规范，上至帝王公卿，下至平民百姓，都要依靠遵守"礼"的约定来维持社会的和谐运转。近代以来，社会性质发生了翻天覆地的变化，有许多古代的礼仪已经不适用了，但我们不能以偏概全地否定古礼。古礼中尚有许多值得我们在建设现代礼仪时去借鉴的东西。

训曰：为人上者，使令小人_{指奴仆}固不可过于严厉，而亦不可过于宽纵_{纵容}。如小过误，可以宽者即宽宥_{宽容，饶恕。宥 yòu，原谅}之；罪之不可宽者，彼时即惩责训导之，不可记恨。若当下_{当时}不惩责，时常琐屑_{琐碎小事}蹂践_{践踏}，则小人恐惧，无益事也。此亦使人之要，汝等留心记之。

训曰：居于人上的人，在差遣下人时，固然不能过于严厉，但也不可过于宽容放纵。如果犯了小的过错，能宽恕的就宽恕他；罪过不可饶恕时，当时就严加处罚、训导，不能记恨他。如果当时不惩罚责备，却时常在小事上苛责不休，下边的人就会心怀恐惧，那将无益于事。这也是用人之道，你们要留心记住。

评析

仆人的地位虽然不高，但是他们和主人朝夕相处，如果人主处理不好主仆关系，那么会给自己的生活带来许多不便。康熙这段训示在传授儿女管教仆人的经验，要掌握好赏罚的尺度，既要使仆人吸取教训，又要保证他们不会产生恐惧心理，以致耽误事情。如今，我们生活在一个人人平等的社会，但是，在工作中仍然存在上下级的关系。领导在处理上下级的关系时，不妨借鉴康熙的原则。

训曰：孔子说："唯有妻妾和家仆才难与之相处。亲近他们，他们就会对你不尊重；疏远他们，他们就会怨恨不已。"这句话对极了！我常看到宫内的那些下人，因为稍稍勤快了些，稍微施给他们一点恩惠，他们就会变得狂妄放肆，惹出事端，将此前做的好事全都勾销才肯罢手。等到把他安置到稍远的地方，他们又会在背地里抱怨诉苦。古代的圣人是怎么知道这类情况而又能说出这样的名言呢！但凡差遣人的，都应该深刻领会孔子的这句话啊！

训曰：孔子云："惟女子_{指妻妾}与小人_{指下人、家仆}为难养也，近之则不孙_{xùn。古同"逊"，恭敬}，远之则怨_{抱怨}。"此言极是。朕恒_常见宫院内贱辈，因稍有勤劳，些须_{少许，一点点}施恩，伊_{yī。他，她}必狂妄放纵，生一事故，将前所行是处尽弃而后已。及远置之，伊又背地含怨。古圣何以知之而为是言耶！凡使人者，皆宜深省此言也。

评
析

在管理的过程中，恩威并施是一种常用的方法，然而如何拿捏两者的尺度就比较困难了。对下人进行赏罚时，这种矛盾就更明显了，即使圣贤有时也会感到力不从心。可以看出，康熙的这段训示主要也是在发牢骚，有时他也会对此感到迷惑。

训曰：太监原为宫中使令，以备洒扫而已，断不可使其干预外事。朕宫中之太监，总不令在外行走。有告假者，日中出去，晚必进内_{宫中。或称大内}。即朕御前近侍之太监等，不过左右使令，家常闲谈笑语，从不与言国之政事也。

训曰：太监原本是为了宫中差遣，做些洒水扫地之类的活，断不能让他们干预政事。我对宫里的太监严加管束，总不让他们在宫外行走。如果有事请假外出，中午出去，晚上必须回来。即便是我身边的近侍太监，也不过供左右使唤，聊些家常闲话放松心情，从不与他们谈论国家政事。

评析

在历代王朝中，宦官乱政时有发生，明朝的党宦之争是清朝的前车之鉴。因此，清朝统治者十分重视约束宦官的权力。康熙比较照顾宦官，给他们一定的自由，但同时又严格控制自由的界限，绝不使他们越界干预政事。因此，有清一代，从没有发生宦官乱政的事情。

训曰：兵书上说："为将的原则是：临阵应当身先士卒。"以前，噶尔丹以追赶喀尔喀部为名，擅自侵入边界。我计划安定西北诸藩属，便亲自统率军队，由中路进军。每天破晓即起身，中午扎营歇息。考虑到大军远征，粮草后勤供给最为要紧，便传令各营将士，每天只吃一餐，我也每日只用一次膳。驻营以前，先派人详细考察了解当地水草情况，有时碰到缺水的地方，就命令兵士凿井开泉，蓄积流水加以澄清，务必使人马供给充足。竟然有原先无水的地方，忽然间有清泉流淌，开沟引流，导至数里之外，供人马饮用之水源源不竭。一接近克鲁伦河，我就亲自率领侍卫前锋

训曰：兵书云："为将之道，当身先士卒。"前者，噶尔丹^{清代蒙古准噶尔部首领，勾结沙俄，康熙二十七年进攻喀尔喀部。康熙三十五年被清军击败于昭莫多，次年自杀}以追喀尔喀为名，阑入^{擅自闯入。阑 lán，妄，擅自}边界，朕计安藩服^{古九服之一。古代将王畿以外之地分为九服。其封国区域离王畿最远的称藩服}，亲统六师^{天子所统六军之师}，由中路进兵，逐日侵晨^{破晓}起行，日中驻营。又虑大兵远讨，粮米为要，传令诸营将士每日一餐，朕亦每日进膳一次。未驻营时，必先令人详审水草，或有乏水处，则凿井开泉，蓄积澄流^{通过沉淀使水清洁}，务使人马给足，竟有原无水处，忽尔清泉流出，导之可致数里，人马资用不竭^{枯竭}。一近克鲁伦河^{源出蒙古肯特山脉，注入内蒙古呼伦湖}，即身

率侍卫前锋，直捣其巢，大兵随后依次而进。噶尔丹闻朕亲统大兵忽自天临，魂胆俱丧，即行逃窜，恰遇西师于昭木多

<small>即昭莫多。位于蒙古国乌兰巴托土拉河、克鲁伦河上游间</small>

，一战而大破之。此皆由朕上得天心，出师有名，故尔新泉涌出，山川灵应<small>灵验</small>，以致数十万士卒、车马，各各安全，三月之间，振旅凯旋而成兹大功也。

部队，直捣噶尔丹老巢，大军随后有序跟进。噶尔丹听说我亲自率领大军突然从天而降，魂胆俱丧，立即逃窜，在昭木多恰遇我西路军，只一战便大败。这都是由于我上得天意，有正当的出兵理由，所以才会新泉涌出，山川有灵产生感应，以至于数十万将士、车辆马匹等都个个安然无恙，三个月时间，就整顿军旅凯旋回师，成就了这样一件大功。

这段训示是康熙用自己的亲身经历来教育子孙，其中有许多合理的见解。首先，帝王要能够身先士卒，这可以鼓舞士气，震慑敌人。其次，御驾亲征的时候，帝王要切实地做实事，关心军旅和敌情。最后，康熙由巨到细，指出行军打仗时要事先考虑到的重要细节。康熙的这种处事不惊，思虑缜密的优点也值得我们每个人学习。

刻
薄
成
家

理
無
久
享

刻薄成家
理无久享

训曰：兵丁不可令习安逸，惟当教之以劳，时常训练，使步伐严明，部伍熟习。管子管仲。姬姓，管氏，名夷吾，字仲，谥敬。春秋时期思想家、政治家 所谓"昼则目相视而相识，夜则声相闻而不乖误、错"也。如是，则战胜攻取有勇知方此指知军法。故劳之适所以爱之，教之以劳真乃爱兵之道也。不但将jiàng。统率，指挥兵如此，教民亦然。故《国语》我国最早的一部按国别编写的史书。记载了从西周穆王十二年（公元前990年）起到战国周贞定王十六年（公元前453年）间周、晋、鲁、齐、郑、楚、吴、越等八国的史事。作者至今尚无定论曰："夫民劳则思，思则善心生。逸则淫，淫则忘善，忘善则恶心生。沃土之民不材有技能，淫也；瘠jí。土质不肥沃土之民莫不向义，劳也。"

训曰：不能让士兵们习惯于安闲逸乐的生活，只应当教诲他们懂得辛劳。经常加以训练，让他们步伐整齐，纪律严明，熟习部曲行伍。这就是管子所说的："白天打仗时相互看见自然相识，晚上打仗听见声音就不会混乱。"只有这样，军队才能战必胜，攻必取，有勇气，知军法。因此，让士兵们辛劳恰恰才是对他们真正的爱护，教他们吃苦耐劳才是真正爱护他们的方法。不只是带兵如此，教化百姓也是如此。所以《国语》中说："老百姓辛劳就会想到节俭，想到节俭就会产生善心。安逸了就会放纵，放纵就会失去善德，失去善德就会产生恶念。生活于肥沃土地上的老百姓往往没有出息，是因为放纵自己；生活在贫瘠土地上的老百姓无不向往道义，是因为辛劳勤勉。"

评析

　　康熙从带兵和使民两个方面，说明"死于安乐"的道理。他认为兵士们不能习惯于安逸的生活，应当教诲他们辛劳勤勉。教民如将兵，如果老百姓贪图安逸就会放纵自己的思想，从而导致他们忘记了自己的善心。相反，生活在贫困之地的老百姓则都在为美好的生活而奋斗着。任何社会都应该保持这种积极向上的社会风气，好逸恶劳的百姓只会让社会停滞不前甚至是倒退。训练有素、纪律严明的军队才能担负起保家卫国的使命。

训曰：我等时居塞外塞北。指内蒙古、甘肃、宁夏及河北长城以北等地，常饮河水。然平时不妨阻碍,伤害，但夏日山水初发，深当戒慎。此时饮之，易生疾病。必得大雨一二次后，山中诸物尽被涤荡冲洗,清除。涤 dí，洗，然后洁清可饮。

训曰：我们时常驻在塞外，常常饮用河水。在平时这不妨事，但如果是夏天山水初发时，应该格外小心慎重。这时饮用河水，容易生病。一定要在下了一两次大雨之后，山中的各种东西都被冲刷干净，然后，河水才清洁可饮用。

评析

如今，我们喝的水大都是经过净化消毒的纯净水或者是矿泉水，从字面来看，这句话在现实生活中已经失去意义了。但是，康熙对生活细致入微的观察和爱惜身体的习惯，都值得我们去学习。如何在快节奏的生活中保持良好的习惯，这与我们每个人都息息相关。

训曰：我每年都会到各地巡视，所到之处，当地人都会献上本地生产的蔬菜，我曾很喜欢吃。上了年纪的人应该吃得清淡一些，每每加上蔬菜吃，可以少生病，对身体健康很有好处。农民之所以身体强壮，到老还健康，就是因为这个缘故。

训曰：朕每岁巡行 出行巡察 临幸 指帝王亲自到达某地 处，居人 当地人 各进本地所产菜蔬，尝喜食之。高年人饮食宜淡薄，每兼菜蔬食之，则少病，于身有益。所以农夫身体强壮至老犹健者，皆此故也。

评析

合理的膳食不失为健康的养生良方，新鲜的蔬菜对人体十分有益，康熙在巡视途中就喜欢品尝沿途的特产风味。身为皇子皇孙，自幼娇生惯养，很可能会养成偏食挑食的不良习惯。康熙就告诫子孙，饮食要以清淡为主，荤素搭配才好，这样才会有长久的健康。

训曰：尝观《宋史》二十四史之一。对宋代的政治、经济、军事、文化、民族关系、典章制度以及活动在这一时期的许多人物作了较详尽的记载。是二十四史中篇幅最庞大的一部官修史书，孝宗南宋皇帝赵昚。昚 shèn。月四朝太上皇，称为盛事。孝宗于宋固为敦伦敦睦人伦之主，然而上皇在御在位，自当乘暇问视，岂可限定朝见之期？朕事皇太后五十余年，总以家庭常礼，出乎天伦至性指至慈至孝的品性。遇有事奏启向上请示报告，一日二三次进见者有之，或无事即间数日者有之。至于万寿诞辰、嘉时令节，朕备家筵，恭请临幸，则自晨至暮，左右奉侍，岂止月觐 jìn。朝拜数次。朕巡狩意为巡行视察诸侯为天子所守的疆土江南、出猎塞北也，随本报文书名。清朝皇帝离京巡察期间，由内阁定期报送奏折至皇帝巡行所到之地时所用的文书

训曰：我曾阅读《宋史》，说宋孝宗每个月都要见四次太上皇，称为帝王的美事。孝宗在宋代本就是厚于人伦的君主，但太上皇在世，他自然应当利用空闲去问安探望，怎么能限定朝见的次数呢？我侍奉皇太后五十多年，总是以家庭常礼，出于淳厚的天伦之情。遇到有事要奏请，一天进见两三次也是有的，如果没有事情就间隔几天的情况也是有的。至于太后生日、良辰佳节，我就置备家宴，恭请皇太后驾临，从早到晚，随侍左右，哪里限于一月几次？我巡视江南、狩猎塞北时，除了随本报三天请一次安外，

还派近侍太监乘驿车回去代为请安，并进奉猎获的鹿、麂、野鸡、野兔以及鲜果、鲜鱼等，凡是我得到什么东西，就即刻命令快马给太后送去，从来不限定什么日期。况且我以家人礼节侍奉皇太后，只以和顺舒适为好，以顺其自然为乐，并不认为定下拜见日期、执行这些礼法才是孝顺。

三日一次恭请圣安外，仍使近侍太监乘传_{乘坐驿车。传zhuàn。驿站的车马，驿站}请安，并进所获鹿、麂jǐ、雉zhì。野鸡、兔、鲜果、鲜鱼之类，凡有所得，即令驰进，从不拘定日期。且朕侍皇太后家人礼数，惟以顺适为安，自然为乐，并不以朝见日期限定礼法而称孝也。

评析　康熙认为，孝顺父母要"以顺适为安，自然为乐"，不必拘泥于一定的形式。宋孝宗是一位很孝顺的皇帝，他每月给太上皇请安四次。康熙认为这虽然可以称作是孝顺，但却显得有些程式化，不真实。因而，康熙并不限定自己看望母亲的时间，只要认为应当去看望的，他就会去拜访。

训曰：尝阅《明宣宗实录》

明朝官修实录。记明宣宗在位时期（1426—1435）政事，其奉事母后和敬有礼，至今览之，犹足令人感慕。朕尝思先王以孝治天下，故夫子称至德要道，莫加（超过）于此。自唐宋以来，人君往往疏于定省（子女早晚向亲长问安。子女早上向父母问安叫省；晚上向父母问安叫定。《礼记·曲礼上》："凡为人子之礼，冬温而夏清，昏定而晨省。"省 xǐng，探望，问候；清 qīng，凉），有经年不一见者，独不思朝夕承欢，自天子以至于庶人（泛指平民百姓。庶 shù），家庭常礼出于天伦至性，何尝以上下而有别也？

训曰：我曾阅读《明宣宗实录》，他侍奉母后谦恭有礼，至今读它，仍足以让人感慨钦慕。

我曾经想：古代圣王以孝治理天下，所以孔夫子说最高的道德、最大的道理，没有超过孝的。自从唐宋以后，皇帝往往疏忽对父母的昏定晨省之礼，有的君王成年不去探望父母一次，他为什么不想一想早晚承欢于父母膝下，是上自天子下至百姓的家庭常礼，这是源于亲人间自然的至淳性情，哪会因为地位的高低而有所不同呢？

含饴弄孙，天伦之乐，是每一个长辈都渴望的事情。康熙训导子孙，皇室成员也要体会到父母的心思，不能因为国事繁忙就对父母疏于问候。在当今社会中，空巢老人问题已经十分严峻了。为人子女的大多忙于自己的工作，终日奔波劳碌，很难抽出时间来陪伴父母。这也是一个社会性问题，需要多方面共同努力来解决。

训曰：诸样可食果品，于正当成熟之时食之，气味甘美，亦且宜人。如我为大君〔天子〕，下人各欲尽其微诚，故争进所得初出鲜果及菜蔬等类，朕只略尝而已。未尝食一次，也必待其成熟之时始食之。此亦养身之要也。

训曰：各种各样可食用的水果，在它正常成熟的时候吃，不仅味道甜美，而且对身体有益。就像我作为一国之君，下边的人都想献出他们微薄的情意，所以争着进奉他们新采摘的鲜果和蔬菜等，我只是略微尝一尝。一次都没有吃过的水果，也一定要等它成熟了才吃。这也是养生的关键。

评
析

地方官员大都会争相献媚于君王，而供奉特产奇物则是普遍的做法。在进献水果时，他们常常没有等到果实成熟就迫不及待地采摘下来送到宫廷。康熙希望子女在品尝上供来的水果时，要注意辨别，食用那些有益于身体健康的成熟果品。

训曰：我对所有的事一定用心将吉事和凶事区分开来，例如选拔任用官员、升迁官职的奏章必放置于桌案上或文件架上。如果是刑部送来关于人命案件的奏章，暂时留下要仔细审阅的，一定将它们另放在一个地方，决不同奏请吉事的奏章掺杂在一起。我之所以在这些方面如此留心的原因，是因吉事凶事事理不同，不得相互干犯的缘故。

训曰：朕于凡事必存心^{用心着意}分别吉凶，如简用^{简选任用}大臣，升转^{官职的提升与调动}职官，本章^{奏章}必置之于案，或置之于床^{放置器物的架子}。若夫刑部^{六部之一。主管法律刑罚}人命事件暂留中^{皇帝把臣下的奏章留在宫禁中不交议也不批答}细阅者，必别置一处，决不与吉事相参。朕于此等处如此留心者，吉凶异道不得相干故也。

中国人十分注重趋吉避凶，越是位高者越在意这些，康熙也是如此。康熙在批改奏折时，一定要把报喜和报忧的分开放。也许他觉得，这样做，一方面，不会使吉凶互犯；另一方面，可能也是考虑到哀乐交陈会影响身心的健康。他把这个告诉子孙，也是希望子孙能够学习他的这个习惯。

训曰：顷^{最近}因刑部汇题^{汇齐题奏。清}代，对一些无关紧要的事，有集中汇题的制度。康熙皇帝曾明谕每十天或十五天汇题一次内有一字错误，朕以朱笔^{蘸朱砂的笔。一般指皇帝批阅奏折、御览文件时用的笔}改正发出。各部院本章，朕皆一一全览。外人谓朕未必通览，每多疏忽。故朕于一应本章，见有错字，必行改正。翻译不堪者，亦改削之。当用兵时，一日三四百本章，朕悉亲览无遗。今一日中仅四五十本而已，览之何难？一切事务，总不可稍有懈慢之心也。

训曰：最近因为刑部汇齐题奏里有一个字错了，我就用朱笔批点更正后发出。各部院的奏章我都一一通看。外人认为我未必通览全部奏折，往往多有疏忽。所以，我对于全部的奏章，只要看到有错别字，就一定加以改正。那些翻译得极差的文书，也加以修削删改。值有战事时，每天呈送上来三四百本奏章，我都亲自阅览，无一遗漏。现在，一天呈送的奏章仅有四五十本而已，通览它们又有何困难呢？做任何事情，都不能存有丝毫松懈怠慢的想法。

后人给康熙的评价是"文治武功，臻于极致"。康熙能够取得这样的成就，与他勤于政务、谨慎处事的作风密不可分。他告诫子孙要励精图治，不可投机取巧，当日事当日毕。在批阅奏章的时候，要对国事了然于心，同时也要让下属官员感受到帝王对政事的细心，从而使他们也谨慎处事，提高做事的效率。

训曰：人世间最不如意的事，莫过于秋天决断死罪了。杀人的人，理当偿命。但作为一国之君，对于处决犯人这等大事，必须本着同情怜悯之心来对待。所以我每逢处理秋审之事，没有一个案子不是尽心竭力地详加审查的。

训曰：世间事甚不如意者，莫过于决断秋审 [明清时期复审各省死刑案件的制度。各省于每年四月对判处死刑尚未执行的案犯再行审议，报送刑部。秋八月，刑部同大理寺对这些案件集中审核，提出意见，最后奏请皇帝裁决] 一事。夫杀人之人，理应偿命。但为人君者，于杀人之事，必以哀矜 [哀怜。矜 jīn，怜惜] 之心处之。故朕每理秋审之事，无一不竭尽心力而详审之也。

评析

人命关天，手握生杀大权的君主在复审死刑案时，一定要慎之又慎，万万不可出现错杀。康熙告诫子孙，杀人偿命，这是天经地义的事，但是审理这种案件的时候，也一定要带着慈悲之心。今天，我们国家正在建设法治社会，同样需要各种措施来保证刑罚的公平公正。

训曰：尔等见朕时常所使新满洲_{满语称伊彻满洲。指清军入关前后被编入八旗满洲的成员}数百，勿易视之也。昔者太祖、太宗之时，得东省_{清代指关外东北地方}一二人，即如珍宝爱惜眷_{juàn。垂爱，关注}养。朕自登极以来，新满洲等各带其佐领_{清八旗组织基本单位首领，是满语"牛录章京"的汉译，意为管理牛录的官。掌管户口、田宅、兵籍、诉讼等}或合族来归顺者。太皇太后闻之，向朕曰："此虽尔祖上所遗之福，亦由尔抚柔远人，教化普遍，方能令此辈倾心归顺也，岂可易视之？"圣祖母因喜极，降是旨也。

训曰：你们看到我经常调遣的新满洲的那几百人，你们可不要轻视他们。从前太祖、太宗在位的时候，得到东省的一两个人，便如珍宝般十分爱惜器重。自我登基以来，新满洲各部各自带着佐领官或者全族的百姓前来归顺。太皇太后听说了，对我说："这虽然是你祖上留下的福祉，也是你能安抚怀柔远方的人，教化全面，才能使他们倾心归顺啊，怎么能够轻视他们呢？"祖母老人家因为高兴极了，才降下这样的旨意。

评析

在古代社会，人口是重要的资源，统治阶级都比较注重怀柔抚远。满清建立政权之初，就不断吸纳其他部族的人民。到了康熙朝，归顺的人络绎不绝。太皇太后告诉康熙不要轻视他们。康熙在这里又叮嘱子孙要重视远方归顺的人，他们能为国家带来许多潜在的好处。如今我国同周边国家的关系比较复杂，如何巧妙地处理好这些利益关系和我们每个人都休戚相关。

训曰：王师之平蜀也，大破逆贼王平藩_{清史作王屏藩。吴三桂部将}于保宁_{今四川嘉陵江流域和平昌以北的渠江流域}，获苗人三千，皆释而归之。及进兵滇中，吴世璠_{吴三桂之孙。吴三桂死后，吴世璠继位，后兵败自杀。璠fán}穷蹙_{窘迫，困厄。蹙cù，紧迫}，遣苗人济师_{增援军队}以拒我，苗不肯行，曰："天朝活我，恩德至厚，我安忍以兵刃相加遗耶？"夫苗之犷悍_{粗野强悍。犷guǎng}，不可以礼义驯束，宜若_{表推测或推断之词。似乎，好像}天性然者。一旦感恩怀德，不忍轻倍_{通"背"，背弃}主上，有内地士民所未易能者，而苗顾能之，是可取也。子舆氏_{孟子。舆yú}不云乎，"以力服人者，非心服也，力不赡_{shàn。足够，充足}也；以德服人者，中心悦而诚服也。"

训曰：我们的军队在平定四川叛乱时，在保宁大败逆贼王屏藩，俘获了叛军中的三千多苗人，把他们全都放回去了。等到我军进军云南时，吴世璠处境窘迫，派苗人补充军队抵抗我军，苗人不愿屈从，说："大清王朝让我们活命，恩德无比深厚，我们怎么忍心与他们刀兵相对呢！"苗人生性粗野强悍，是不能用礼义来驯服约束的，这似乎是天性使然。然而他们一旦对谁感恩怀德，就不忍心轻易背叛主上，有些内地的士民也不能够轻易做到的，苗人却能做到，这是他们的可取之处。孟子不是说过吗，"凭借武力压迫服从的，不是真心服从，而是力量不足以抗衡；凭借道德去服人的，是衷心欣悦而真诚顺服。"难道说苗人与常人不同，不可以用道德去悦服吗？

宁谓苗异乎人而不可以德服也耶？

评析

这则训示讲怀柔之道，康熙认为对待不同性情的部族要使用不同的方式。对待叛乱的人要用武力来压服，对于有些部落，则要以德服人。苗族人不通中原的礼仪，但是恩怨分明，对待他们，要给予安抚，使他们感恩图报。

训曰：凡人于无事之时，常如有事而防范其未然，则自然事不生。若有事之时，却如无事，以定其虑，则其事亦自然消灭矣。古人云："心欲小而胆欲大。"遇事当如此处之。

训曰：凡是人们在没有事件发生的时候，当作有事一样来加以防范，这样自然就不会有任何意外之事发生。如果事情降临时，却如没事般处之泰然，静定自己的思虑，那么这事也就自然消失了。古人说："心要精细谨慎，胆量要大。"遇到事情就应该如此对待。

评析

康熙告诫子孙，立身处世，既要遏渐防萌，又要处变不惊。在太平时候，要居安思危，洞察祸患的预兆，将危机扼杀在摇篮之中。在处理紧急事务时，不要自乱阵脚，如果能够做到泰然处之，那么化危为安也不是不可能。当今社会中，机遇与挑战并存，要想做到趋利避凶，也可以参照康熙的这段训示。

训曰：凡是道德高尚的人，他的胸襟与度量生来就与小人的心志大不相同。有一种见识浅薄的人，满嘴恶言，恣意讲论道德高尚的人，或者在背地里诋毁诽谤，这种人日后一定会遭到谴责和惩罚。这种事我见得最多。可见天意虽然隐而不显，但报应其实不差分毫。

训曰：凡大人度量器量生成与小人之心志迥异。有等小人，满口恶言讲论大人，或者背面毁谤，日后必遭罪谴惩罚。朕所见最多。可见天道虽隐，而其应报应实不爽失也。

评
析

人各有志，我们无法勉强别人，只能希望渭不侵泾，浑不犯清。胸怀高远的人，不会与心胸狭窄的人一般见识。但是那些眼光短浅的人却往往喜爱招惹是非，评头论足，十分令人伤脑筋。康熙在执政过程中难免会遇到形形色色的人，他非常反感在背后诽谤他人的宵小之徒。这段训示也是在震慑心怀鬼胎的人。

训曰：孟子云："存_{观察}乎人者，莫良于眸子_{本指瞳仁。泛指眼睛。眸 móu。}眸子不能掩其恶。胸中正，则眸子了_{明亮，光亮}焉；胸中不正，则眸子眊_{mào。浑浊，暗淡无光}焉。"此诚然也。看来人之善恶系于目者甚显。非止眸子之明暗，有人焉，其视人也常有一种彷徨不定之态，则其人必不正。我朝满洲耆旧年高望重者，亦甚贱此等人。

训曰：孟子说："观察一个人，没有比观察他的眼睛更好的了。眼睛不能遮盖一个人内心的邪恶。胸怀正直，眼睛就明亮；心术不正，眼睛就昏暗不明。"确实如此。看来一个人的善恶与他眼睛的关系是非常明显的了。不只是眼睛的明暗能表现人的善恶，有一种人，他看人时常有一种彷徨不定的神态，这人心术一定不正。我大清的满洲故老也特别鄙视这种人。

评析

谗佞之徒往往巧言令色，善于矫饰作秀，然而眼神却是无法伪装的。因此，大清朝的老辈不喜欢眼神不正的人。康熙告诉子孙，识别忠奸时要留心对方的眼睛。这也是有经验可循的，孟子也说："存乎人者，莫良于眸子。"眼睛是心灵的窗户，透过眼睛可以觉察到一个人内心的活动。

训曰：人在行走、停留、坐卧时，都不可以回头张望或斜视他人。《论语》中说："坐在车中不向内回顾。"《礼记》上说："眼神容貌要端正。"所谓的内顾就是回头看；不端就是斜视。这些方面不仅关系到仪容，而且也涉及是否触犯忌讳。我朝先辈老人也把行走时回头张望视为大忌讳。我时常说起这些，是要你们引以为戒。

训曰：凡人行住坐卧，不可回顾斜视。《论语》^{春秋时期孔子的言论汇编。集中}

体现了孔子的政治主张、伦理思想、道德观念和教育原则。由孔子弟子及其再传弟子编撰。儒家经典著作曰："车中不内顾。"《礼》《礼记·王藻》曰："目容端。"所谓内顾，即回顾也；不端，即斜视也。此等处不但关于德容^{指符合礼仪的仪容}，亦且有犯忌讳。我朝先辈老人，亦以行走回顾之人为大忌讳。时常言之，以为戒也。

评析

我们经常强调，坐姿和走姿要端正，却很少注意到目光也要端正。康熙认为，人的眼神飘忽是犯忌讳的，而且孔子也曾说："非礼勿视"，所以在行走坐卧的时候不要回顾斜视。此外，目光的游移不定也可能会使内心接触到各种诱惑，给我们造成不良影响。

训曰：道理之载于典籍者，一定而有限。而天下事千变万化，其端_{头绪}无穷，故世之苦读书者，往往遇事有执泥_{固执不知变通}处；而经历事故多者，又每逐_随事圆融_{不执一定之见，圆满融通}而无定见。此皆一偏之见。朕则谓当读书时，须要体认_{领悟，体察}世务，而应事时，又当据书理而审其事宜_{关于事情的安排和处理}。如此，方免二者之弊。

训曰：记载在书籍上的道理，往往是固定不变的，并且范围有限。但是天下之事千变万化，头绪纷繁。因此，世上刻苦用功读书的人，遇事常常有拘泥于书籍不懂得变通的；阅历丰富、精通世故的人，却又常常处事圆滑缺乏主见。这两种情况都有片面性。我认为读书时，应该体察认识生活中各类事情；处理事务时，要根据书上的道理来思考应该如何去做。只有这样，才能避免上述两种弊端。

天下之事变化纷纭，刻苦读书的人往往拘泥于经典书籍的道理不知变通，那些阅历丰富、老于世故的人，又往往处事圆滑，不坚持原则。康熙告诫子孙们在读书的时候，要结合自己所遇到的问题灵活处理，只有这样才能做出实际成果。现实生活中，大多数人死读书读死书，却不知道理论与实践之间的区别。因此，我们不仅要学习书本知识，更重要的还在于学以致用。

训曰：孔子说："先去实践自己想要说的话，做到了以后再说出来。"如宋代的周敦颐、程颢、程颐、张载、朱熹这些大儒，都能努力地去实践他们所提倡的道学，他们的论述都能阐明古代先贤思想的深奥含义。又比如司马光，他是宋代著名的宰相，看他编撰的《资治通鉴》，对古今人事的评论，都十分恰当，可以说是言行相互符合了，然而他却没有博取道学家的名号。现在讲道学的人，只是重视语言文字，尤其喜欢批评指责他人，不仅是他们的言与行不相符，就是他们说的话有实际内容的也很少。我不尚空谈，只致力于推行实务，

训曰：孔子云："先行其言，而后从之。"如宋周{周敦颐。又名周元皓。字茂叔，号濂溪先生，谥元公。北宋文学家、理学家。宋朝儒家理学的开山鼻祖}、程{程颐和程颢。北宋理学家。程颐，字正叔，也称伊川先生；程颢，字伯淳，也称明道先生}、张{张载。字子厚。北宋理学家}、朱{朱熹。字元晦，号晦庵，谥文，封徽国公。南宋理学家，儒学集大成者}诸儒，皆能勉行道学之实，其议论皆发明先圣先贤之奥旨{深奥的含义}。又若司马光{字君实，号迂叟，世称涑水先生。北宋政治家、史学家、文学家}乃宋朝名相，观其编辑《资治通鉴》{中国第一部编年体通史。从周威烈王二十三年（公元前403年）起，到五代的后周世宗显德六年（公元959年）征淮南结束。全书共294卷。北宋司马光等编纂}，论断古今，尽得其当，可谓言行相符，然自未尝博道学之名也。今人讲道学者，徒尚语言文字，而尤好非议人，非惟言行不符，而言之有实者，盖亦寡{少}矣。朕不尚空言，惟务

实行，尤不肯非议人。盖以人各有短长，弃其所短而取其所长，始能尽人之材。若必求全责备，稍有欠缺即行指摘_{指责}，非忠恕_{儒家的一种道德规范。忠，尽心为人；恕，推己及人}之道也。

尤其不愿随意地批评非议别人。因为每个人都各有自己的长处和短处，避开人的短处而利用他的长处，才能充分发挥人的才干。如果一定要求全责备，稍有欠缺就横加指责，这就不是忠恕之道了。

评析

政治家大多注重实际，不怎么喜欢空谈，他们也非常欣赏那些言行一致的人。喜欢空谈的人习惯于用批评别人的短处来博眼球。而事实上，人无完人，每个人都有他的优缺点。在用人的时候，不要像道学先生一样抓住别人的缺点不放，求全责备。要知人善任，量才录用，合理运用他们的长处。

训曰：人生在世，最重要的就是多做善事。古代圣人经书留下那么多的至理名言，也只是希望人要向善。佛教道教，也只是用善来引导人。后世的学人治学常常各执一词，因此，彼此之间就像仇敌一样。有自认为是研习道学的人，进入佛寺而不跪拜，自己认为是得了儒家的真传正道，这都是由于学习还没有达到精深的程度而思想上产生了偏差的缘故。用正理来衡量，神和佛都是古时学问修为至高的人，我们向他们跪拜礼敬，乃是理所当然的。如今天下广大无边，神佛寺庙不可胜数，哪一座寺庙没有僧人道士？如果把这些人都视为不合正统之人，让他们全都还俗回家，不仅一时做不到，而且这么多人将靠什么来维持生计呢？

训曰：人生于世，最要者惟行善。圣人经书所遗如许言语，惟欲人之善。神佛之教〔此指道教和佛教〕，亦惟以善引人。后世之学，每每各向一偏，故尔彼此如仇敌也。有自谓道学〔自己说是理学家。后世正统的理学程朱一派是排斥佛道的〕，入神佛寺庙而不拜，自以为得真传正道，此皆学未至而心有偏。以正理度之，神佛者皆古之至人〔思想或道德修养达到很高境界的人〕，我等礼之敬之，乃理之当然也。即今天下至大，神佛寺庙不可胜数，何寺庙而无僧道？若以此辈皆为异端〔儒家称儒家以外的学说为异端〕，使尽还俗，不但一时不能，而许多人将何以聊其生〔赖以生活。聊，依靠，依赖〕耶？

评　析

　　康熙此则训示的核心在于"人生于世最要者惟行善"。从古代留存下来的典籍中，康熙探究出古圣贤著书立说的本意在于劝人向善，连道教、佛教也是指引向善。在康熙看来，"神佛者皆古之至人"，神佛之教乃是与儒殊途同归的学说，即使如宋儒所言"别为一端"，也应该执善念，为僧人道士们的生计着想。因此，人生在世，必须学会行善。

训曰：老人们曾说，人一上了年纪就经受不了暑热。我对这话常是半信半疑。后来我到了五十岁，果真就不能承受酷暑了，稍微受一点点热，心里就烦闷，难以忍受。仔细想想这其中的缘故，大概是人年轻力壮时血气强盛，水火均衡，所以受了热也不觉得；年龄大了，血气衰退，水不能胜火，所以就不能耐暑了。你们现在还不在意，等你们年岁稍长，自然就感觉到了。

训曰：老者尝云，人至高年则不能耐暑。朕于此言常在疑信之间。厥后〔其后。厥jué，其〕年至五旬〔指到五十岁〕，即不能耐暑，些须受热，则内烦闷而不能堪。细思其故，盖由人年壮血气〔血液和气息。泛指人的自然生理〕强盛，水火〔中国古代医学以金、木、水、火、土五行为基础，认为五行协调平衡，则身体健康，五行失衡就有疾病〕平均，所以不显；年高血气衰败，水不能胜火，故不能耐暑。尔等此时还不在意，至年渐高自觉之矣。

年轻人阅历不足，还无法理解一些人生的规律，也可能会对长者用心良苦的规劝熟视无睹。康熙结合自己的人生经历，来告诉子孙，要听从长者的建议。同时也要爱惜身体，年少时期气血旺盛，岁数大了就会体力不支。因此要珍惜年少时光，趁着年少创造一番事业。

训曰：有人见朕之须_{胡须}白，言有乌须良方。朕曰：我等自幼凡祭祀时，尝_{常，常常}以"须鬓至白、牙齿尽黄"为祝。今幸而须鬓白矣，不思福履_{福禄}所绥而反怨老之已至，有是理乎？

训曰：有人见我的胡子白了，说有使胡子变黑的良方。我说：我们自幼凡是祭祀的时候，就把"须鬓至白，牙齿尽黄"作为求神赐福的祝词。今天幸而活到胡子头发全白了，不想想这是上天用福禄安抚自己的结果，反而怨恨自己老了，有这样的道理吗？

评析

人生进入暮年，身体机能的衰退很自然会引发人心理上的恐慌，但康熙用一种积极感恩的态度面对衰老，把衰老看作是自然规律使然，看作是上天赐予的福禄。此则训示告诉我们，应该学会顺其自然，随遇而安。这种生活态度才是乐观积极的人生态度。

训曰：我清朝的前辈们说过，老人牙齿脱落，对子孙大有好处。这话确实是对的。几年前，我前往宁寿宫给皇太后请安，皇太后向我询问治牙痛的药方，说牙齿动摇，那些已经脱落了的疼痛就消失了，那些还没有脱落的疼痛难忍。我于是说："太后您圣寿已过七十，您的孙子和重孙子大概都有一百多人了，况且太后您的孙子辈都已须发将白，牙齿也将要脱落，更何况祖母享有如此的高年呢？我朝前辈常说，老人牙齿脱落对子孙有好处。这正是太后母亲您福泽绵长的好兆头呀！"皇太后听了我的话，非常开心，

训曰：我朝先辈有言，老人牙齿脱落者，于子孙有益。此语诚然。数年前朕诣宁寿宫 清宫殿名。在紫禁城内。今存宁寿宫则为乾隆时所建 请安，皇太后向朕问治牙痛方，言牙齿动摇，其已脱落者则痛止，其未脱落者痛难忍。朕因奏曰："太后圣寿已逾七旬，孙及曾孙殆 大概，恐怕 及百余，且太后之孙皆已须发将白而牙齿将落矣，何况祖母享如是之高年？我朝先辈常言，老人牙齿脱落于子孙有益。此正太后慈闱 旧时母亲的代称。因皇后为天下之母，故称皇后为慈闱 福泽 施给后人的福利恩泽 绵长 绵远长久 之嘉兆也！"皇太后闻朕之言，欢喜倍常，

原文

谓朕言极当，称赞不已，且言：“皇帝此语，凡如我老媪老年妇人。媪ǎo，老妇人的通称辈，皆当闻之而生欢喜也。”

导读

说我说的话极其恰当，称赞不已，还说：“皇帝的这些话，但凡是像我这样的老太太都应该听听，高兴高兴啊。”

评析

旁观者看来，人体机能随着年龄的增长而衰退是很正常的现象，但是人到了一定的年纪就会产生许多畏惧心理，那样一种恐惧是外人无法感同身受的。为人子女者要体会到父母的顾虑，及时宽慰他们。康熙在安慰太后时所采用的方法非常巧妙，我们不妨借鉴一下。

训曰：《礼记》上说"黄昏时为父母安定床衽，早晨起来向父母请安问好"，是说作为子女所能竭尽的孝心。人们应该探究这句话的本意，不能只拘泥于书上的言辞，一定要按照这路子去做。比如，我子孙众多，每天早晨起来向我问安，你们的孩子又早起去向你们问安，到了傍晚又接着这样问安，不仅你们连吃顿饭的工夫都没有，就是我也会一天到晚没有吃一顿饭的闲暇。这绝不是可实行的礼节。由此看来，凡人读书，都推究书中本意心领神会就可以了。

训曰：《记》《礼记》云"昏定晨省"者，言为子之所以竭尽孝心耳。人当究其本意，不可徒泥拘泥其辞，必循其迹以行之。如朕子孙众多，逐日早起问安，汝子又早起问汝之安，日暮又如此相继问安。不但尔等无饮食之暇，即朕亦将终日不得一饭之暇矣，决非可行之事。由此观之，凡人读书，俱究其本意而得之于心可也。

评析

康熙认为读书要得意忘筌，不能固守于书面文字。给父母请安时，只要孝心到了就好，何必每天早晚都去拜访。康熙子孙众多，如果一一都去请安，那么会带来诸多不便。当今社会，孩子在外工作，与父母分处两地，早晚看望是不切实际的。但是，不能因此而忽视对父母的问候，至少要时常打电话回家致以问候。

训曰：《易》为四圣传说伏羲
画八卦，

周文王推演为六十四卦并作卦辞，他的儿子周公旦发扬扩充，作了爻辞，孔子又作了"十翼"之书，其立象、设卦、系辞语出《周易·系辞上》："圣人立象以尽意，设卦以尽情伪，系辞严以尽其言。"大意是：圣人创立卦象以穷尽所要表达的深意，设置六十四卦以穷尽宇宙万物复杂变化的真伪，用文辞以穷尽所要表达的言语，广大悉备。

言其理则无所不该，言其用则自昔伏羲、神农、黄帝、尧、舜王天下之道咸都取诸此。然而深探作《易》之旨，大抵不外阴阳本义是背阴和向阳。此指两种对立的气。《周易》就是运用阴阳的相互交替作用反映自然规律并比附社会现象的。而配诸人事，则有吉凶、悔吝遗憾，麻烦，艰难之别。运数所由盛衰，风俗所由治乱，君子小人所由进退消长，鲜不于奇偶二画阳爻"—"和阴爻"——"。阳爻一画为奇数，阴爻两画为偶数屈伸消长变易之间见之。朕惟经学为治法之要，而

训曰：《周易》是伏羲、周文王、周公旦和孔子四位圣人写就的经书，书中囊括立象、设卦、系辞等，广博丰富，简直是具备了一切。从它的易理来说包括了世上所有的道理，从它的功用来说，古代的伏羲、神农、黄帝、唐尧、虞舜治理天下的办法都来自《易》。然而，我们深入地探讨创作《易》的本意，大抵上不外乎一阴一阳。把它们与人事相对应，就有了或吉，或凶，或悔，或吝的区别。国运天数之所以兴盛或衰败，社会风俗之所以治理或纷乱，君子和小人地位的进用、斥退，人生的得志、失意，很少有不能从这阳爻阴爻奇偶二数的消长变化中表现出来。我只将经学作为是治国理政之法的要义，至于《诗经》

《尚书》的文采和辞藻，《礼记》《乐经》的具体治法，《春秋》等史书的具体行事，没有不可以通过《周易》来融会变通的。所以我研求《周易》的道理，探索书中精妙深奥的意蕴，先命儒臣参考历代儒学大家的注、疏、传、义，撰写了《日讲易经解义》一书，后又命大学士李光地纂修了《周易折中》一书。我亲自翻阅审定，一字一画仔细斟酌，不敢疏忽，实在是因为《周易》这部书，既有考察民情、实施教化的方法，又有贯通神明之德、类比处世理政的功效，戒惧、自省的态度可以用作修身，常思忧患、防患于未然的思想可以用于维系社会。穷尽天道与人道，天命与人性的

《诗》《书》之文，《礼》《乐》《乐经》。《六经》之一。已失传 之具，《春秋》中国现存最早的一部编年体史书。记载了从鲁隐公元年（前722年）至鲁哀公十四年（前481年）的历史。由孔子修订。儒家经典著作 之行事，罔不于《易》会通 会合交通。故朕研求《易》理，玩索精蕴，前命儒臣参考诸儒注疏传义 解释经书的文字叫注；解释注文的文字叫疏；解说经文的文字叫传；会通群书，阐释生发叫义，撰为《日讲易经解义》康熙十二年，命牛钮等编撰进讲《周易》的讲义，共18卷，又命大学士李光地 字晋卿，号厚庵。清朝理学家。曾任文渊阁大学士纂修《周易折中》《易经》注释。全书共22卷。清李光地撰。乙夜披览 唐苏鹗《杜阳杂编》中记载，唐文宗说："若不甲夜视事，乙夜观书，何以为人君耶？"后称皇帝阅览文书为乙览。乙夜，二更时候，约为夜间十时，一字一画斟酌无忽，诚以《易》之为书，有观民设教 教诲之方，有通德类情之用，恐惧修省以治身，思患豫防以维世。所以极天人，穷性命，开物

通晓万事万物的道理 前民、通变尽利者,其理莫详于《易》。故孔子尝曰"加我数年,五十以学《易》"。盖言凡为学者不可以不学,而学又不可易视之也。

关系,在民众行动之前开启民众智慧、通达事物的变化,充分发挥其有利的方面,所有这些道理,没有比《周易》阐释得更为详尽的了。所以孔子曾经说:"让我多活上几年,在五十岁时钻研《周易》。"这大概是说为学之人不可以不学《周易》,学习时又不能掉以轻心把它看得太过容易。

《易经》的文意非常难懂,这使许多人对它望而却步,这实在是一件很可惜的事。正如康熙所说的,《易经》的内容可以称作博大精深,《诗》《书》《礼》《乐》《春秋》的内容都在其中有所反映。所以孔子晚年也曾感叹:"加我数年,五十以学《易》,可以无大过矣。"

导读

训曰：凡事只听空说，如果不亲眼看见，对于增长才识没有任何作用。《诗经》上说："老大吹埙，老二吹篪。"然而真正见过埙和篪的又有几个人呢？有一年的除夕，乾清宫正在摆放各种乐器，我就招来南书房的汉族大臣和翰林文人，对他们说："你们平常写诗作赋，大多以埙、篪比兄弟，我问你们埙、篪是什么样子的？"大臣们都说不知道。因此我命令太监把乐器中的埙、篪拿来给他们看。他们看完以后，非常高兴，说很新奇，认为"这些乐器，我们只是在书中见过，就随口空谈，又有谁真见过埙、篪？今天才算明白了"。凡事都是这样，一定

原文

训曰：凡事只空谈，若不眼见，终属无用。《诗》〔《诗经·小雅·何人斯》〕云："伯氏吹埙〔xūn。陶土烧制的吹奏乐器〕，仲氏吹篪〔chī。竹制的吹奏乐器〕。"然而实见埙篪者有几人？一岁除日〔除夕〕，乾清宫〔宫殿名。在紫禁城内。建于明代。清康熙以前为皇帝居住和处理政务之处〕正陈设乐器，朕召南书房〔清代内廷机构。在紫禁城内月华门南。原为康熙皇帝读书处，后选翰林文人才品兼优者在此办事，或代拟谕旨，或备咨询，或讨论学问〕汉大臣、翰林等降旨云："尔等凡作诗赋，多以埙篪比兄弟，问尔埙篪之形如何？"皆云不知。因命内监将乐器中埙篪，取与伊等观看。伊等看毕，欣然称奇，以为"臣等惟于书中见之，即随口空谈，谁人实见埙篪，今日方得明白也"。凡事皆如此，

必亲见亲历，始得确实。若闻之他人，或书中偶见即，据以为言，必贻_{yí。遗留，留下}笑于有识之人矣。

要亲眼见过、亲身经历过，才能得个确实。如果只是听别人说过，或偶然在书中看到过，就以此为据去说，一定会被有识之士耻笑。

评
析

康熙在此训诫子孙们任何事情不能只尚空谈，如果不是亲眼所见，终究还是一无是处。康熙在此借用自己的经历告诫子孙们要尚实。现在的社会多纸上谈兵之人，他们大多忘记了实践的重要性。认识事物，我们务必要"眼见为实"，更不能把道听途说的事信以为真，跟着别人"人云亦云"。

训曰：我们满清的文字，与各国的语音都和洽。太宗皇帝在时，曾经借用蒙古文字来代替清朝文字。后来奉皇帝的诏命让学士达海在蒙古文字的基础上进行修饰，加以圈点从而创制了满文。我担心将来传授和学习满文的过程中或许会产生讹误，所以特地与老年人搜辑整理满洲旧语，编纂成《清文鉴》一书颁行。现在既然有了这部书，我们满清的文字就一定不至于出现遗漏了。

训曰：我朝清字即满文，各国语音俱可以叶xié。同"协"，和洽，相合。太宗皇帝时，曾借蒙古字以代清文。后来奉敕谕学士达海满洲正蓝旗人，觉尔察氏，谥文成。通晓满汉文字。清太宗天聪六年（1632年）更定满文字体，增十二字头，加圈点，称新满文或加圈点满文修饰蒙古字，加以圈点而撰清文。朕虑将来或有授受之讹，故特与高年人等搜辑旧语，制为《清文鉴》清代官修的满文分类辞书颁行之。既有此书，则我朝清字必不至于遗漏矣。

评析

清王朝定鼎中原之后积极学习接受中原的传统文化，不断追赐孔子，推崇儒家文化。同时，康熙也担心在被汉民族文化同化的过程中，满清民族的文字会失传。因此，他主持编订《清文鉴》，保护自己民族的文化。康熙对待文化的态度很值得我们学习。如今西方文化借助于多种方式在世界范围内传播，如何在融入全球化的同时保护好我们的传统文化，需要我们每个人都去思索。

训曰：赖祖父福荫，天下一统，国泰民安，远方外国商贾渐通，各种皮毛较之向日〔往日〕倍增。记朕少时，贵人所尚者惟貂，其次则狐胦〔狐狸胸腹部和腋下的毛皮。胦 qiān，身体两旁肋骨和胯骨之间的部分（多指兽类）〕天马〔骏马〕之类，至于银鼠总未见也。驸马〔原为官名，即驸马都尉。后皇帝婿全拜驸马都尉，故称皇帝女婿为驸马，已非官职〕耿聚忠〔耿继茂第三子。因娶安郡王之女柔嘉公主为妻，故称驸马〕着一银鼠皮褂，众皆环视，以为奇珍。而今银鼠能值几何？即此一节而论，祖父所遗之基，所积之福，岂可易视哉！

训曰：仰仗祖上父辈的福荫，我们大清朝一统天下，国泰民安，远方各国都逐渐同我国通商，各种皮毛制品比起往年成倍增加。记得我小时候，王公显贵所崇尚的只有貂皮，其次则是狐胦、骏马之类。至于银鼠皮，一直没有见到过。驸马耿聚忠穿了一件银鼠皮褂子，大家都围着观看，当成是奇珍异宝。如今银鼠皮能值多少钱！就这一点来看，祖上父辈所留下的基业，所累积下的福祉，岂可不看重！

康熙告诫子孙，要牢记祖宗的恩德，不要被一时流行的奇技淫巧所诱惑。祖祖辈辈所积攒的家业，具有厚重的根底，有其存在的合理性。人心都是喜新厌旧的，很容易被新东西所吸引，然而新的东西又常常经不起时间的检验。所以，无论怎样，我们首先不应该轻视世代相传的基业。

训曰：每个人对于饮食之类的东西，应当各自挑选适合自己身体的。喜欢吃的东西，也不可多吃。即便是父子兄弟之间，我喜欢吃的东西，你就不喜欢。你不喜欢吃的东西，我非得强行要你吃下，这样怎么可以呢？每个人所不适合吃的东西，一旦知道了，就该坚决戒绝，永不再吃。由此看来，每个人从一生下来，其肠胃就各自不同。

训曰：凡人饮食之类，当各择其宜于身者。所好之物，不可多食。即如父子兄弟间，我好食之物，尔则不欲。尔不欲食之物，我强与汝以食之，岂可乎？各人所不宜之物，知之即当永戒。由是观之，人自有生以来，肠胃自各有分别处也。

评
析

众口难调，每个人都有自己偏爱的口味，不要强求他人。康熙用这样一个简单的事例来传达"己所不欲，勿施于人"的道理。

训曰：人果专心于一艺一技，则心不外驰_{追求}，于身有益。朕所及明季_{明朝末年。季，末。}人与我国之耆旧善于书法者，俱寿考_{年高，长寿}而身强健。复有能画汉人或造器物匠役，其巧绝于人者，皆寿至七八十，身体强健，画作如常。由是观之，凡人之心志有所专_{专一}，即是养身之道。

评析

如果一个人果真能潜心于一项技艺，那么他的思想就能集中在一起，不会产生私心杂念，这样对身体是有好处的。康熙见到明朝末年的一些人以及清朝的德高望重的人，凡是擅于书法的，都很长寿。还有那些会画画的，制作各种器物的能工巧匠，凡事技艺出众的，都活到七八十岁。康熙认为，潜心钻研一样东西，本身就是一种养生的好办法。对于现代人来说，若想身体健康长寿，应学会潜心静气，做到心理和谐，这样就能达到修身养性的目的。

训曰：人如果能专心于某一技艺，就能够做到心中没有杂念，对身体是有好处的。我接触过的明末遗民和我朝故老中有擅长书法的，他们全都长寿并且身体强健。还有那些擅长绘画的汉人，或者是制作器物的工匠，凡是技巧绝伦的，都活到七八十岁还身体康健，正常作画或做工。由此看来，凡是人的心志专注于某一种事物，就是一种养生之道。

训曰：我绝不会欺骗他人。就如现在的工匠们，他们各有自己的密传技艺，却决不愿意告诉给别人。我问他们，如果他们能以诚相见，坦白无私地向我奏明，我一定会替他们保守秘密，不告诉任何人。

训曰：朕决不欺人。即如今凡匠役人等，各有密传技艺，决不肯告人。而朕问之，彼若开诚明奏，朕必密_{守密}之不告一人也。

评析

孔子曰："人而无信，不知其可也。"康熙的这则简短的训示也是在强调同样的道理。为人君者要守信，即使是对底层匠人做出了承诺，也要严格遵守。如今社会，诚信缺失，它所导致的苦果也渐渐暴露了出来。所以，康熙的这段话也能给我们一定的启示。

训曰：凡人能量_{衡量}己之能与不能，然后知人之艰难。朕自幼行走固多，征剿噶尔丹，三次行师，虽未对敌交战，自料犹可以立在人前。但念越城_{翻越城墙}勇将，则知朕断不能为，何则？朕自幼未尝登墙一次，每自高崖下视，头犹眩晕，如彼高城，何能上登？自己决不能之事，岂可易视？所以朕每见越城勇将，心实怜_爱之，且甚服_{佩服}之。

训曰：一个人要估量一下自己能做什么，不能做什么，然后才能懂得别人做事的艰难。我从小走过的地方固然很多，征剿噶尔丹，三次带军出征，虽然没有与敌人直接交战，但自觉还是可以站立在大军前面，面对敌人的。但一想到那些攻城时翻越城墙的勇将，我就知道自己绝对做不到。为什么呢？我从小就没有登过一次高墙，每次从高崖上往下看，还感到眩晕，那么高的城墙，我又怎么能登上去呢？自己决不能做到的事，怎么可以轻视它呢？所以每当我看见攻城作战的勇将，心中着实爱怜，并且特别佩服他们。

评析

一个人要能正确衡量自己的才能，要知道自己能做什么，不能做什么，只有这样才能将心比心，进而懂得别人的艰难。因此不可以随便小看他人，对他人应该抱以敬佩和同情之心。康熙在此训示子孙们做人绝对不可以恃才傲物，不能因为自己某一方面的优点而忽视其他方面的不足。更不能以自己之长度他人之短。我们应该正视自己和他人的优缺点，才能正视自己的位置。

训曰：过去，大臣中久经征战的，大多把人命看得很轻。我自从亲征以后，常常自我反省，有没有这种心理呢？一想到这些，我就更加恭敬谨慎了。

训曰：昔时，大臣久经军旅者，多以人命为轻。朕自出兵以后，每反_{反省}诸己，或有此心乎？思之而益加敬谨_{恭敬，谨慎}焉。

自古以来，"一将功成万骨枯"。在战争年代，久经沙场的将军和士卒们看惯了生死，渐渐开始漠视生命。因此，军队草菅人命之事时有发生，屠城也屡见不鲜。康熙具有贤君的胸怀，他牵挂布衣百姓的安危，时时反省自己的所作所为。他也告诫子孙，在以后带兵出征时，要对百姓的身家性命保持一颗敬畏之心。这也是为了清王朝的长远利益考虑。

训曰：行围打牲，必用鸟枪，而鸟枪火药，最宜小心。大概一两火药可以轰动二三间房屋，如或一斤则其力不可言矣。我知之最切^深，且闻之亦多，是故训尔等，用鸟枪时，各宜小心谨慎也。

训曰：围猎时一定要用到鸟枪，而鸟枪的火药，最应当小心留意。大概一两火药就可以炸毁两三间房屋。如果用一斤火药，它的威力就不可言说了。我对火药的性能了解得最清楚，有关火药的事听到的也多，因此告诫你们，在使用鸟枪时，各人都要小心谨慎。

评析

康熙在打猎的过程中体会到枪支是十分危险的，如果操作不当很容易伤害到自己和身边的人。因此，康熙叮嘱自己的孩子，在使用火枪时要特别小心。康熙的苦口婆心也提醒现在的父母和老师们，涉及重大的安全问题时，最好要不厌其烦地告诫孩子。

训曰：我们在家闲居的时候，只应当讲古人的善行善言。我每每对你们加以教导，多是教你们向善，你们回家以后，把这些话告诉你们的妻子儿女，你们的妻子儿女也没有谁会不乐意听。天下美好的事物，还有超过这个的吗？

训曰：吾人燕居 闲居无事 之时，惟宜言古人善行善言。朕每对尔等多教以善，尔等回家，各告尔之妻子，尔之妻子亦莫不乐于听也。事之美岂有逾 超过，超出 此者乎。

评析

康熙年幼的时候，顺治皇帝就去世了，在他成长的过程中，缺少父爱的关怀。将心比心，他不希望自己遭受的痛苦在子女的身上重演。因此，他努力成为一位慈爱的父亲。在处理政事之余，他经常和子女们待在一起，给他们讲授一些善言善行。他也希望自己的孩子能像自己一样，疼爱他们的子女，将这种温暖传递下去。

训曰：凡人持身处世，惟当以恕（推己及人，宽容）存心。见人有得意事，便当生欢喜心；见人有失意事，便当生怜悯心。此皆自己实受用（受益）处。若夫忌（嫉妒）人之成，乐人之败，何与人事？徒自坏心术耳。古语云："见人之得，如己之得；见人之失，如己之失。"如是存心，天必佑之。

训曰：凡人操身行世，只应当宽大为怀。看到别人有得意的事情，就当心生欢喜与之同乐；看到别遭遇失意，就当心存怜恤伸出援手。这些都是可以使自己实实在在在受益的地方。如果忌妒人家的成功，庆幸人家的失败，那你将如何与人共事呢？不过是自己毁坏了心术罢了。古语说："看到别人有收获，就好像自己有收获一样；看到别人有了损失，就好像是自己有损失一样。"像这样心存善念，上天一定会保佑他。

评析

众所周知，康熙的几个儿子之间曾发生惨烈的皇位之争。在历朝历代中，皇家子弟的储君之争从未消停。康熙可能有感于历史旧事，所以旁敲侧击，希望自己的皇子们能够顾及手足之情，和睦相处。继承权之争，在古今中外都普遍存在。做晚辈的要考虑到父母的感受，以一颗平常心看待遗产，不要使父母寒心。

训曰：老百姓耕织之事在于勤劳。勤劳了，吃穿用度就不会匮乏。一个农夫不耕种，就会有人忍饥挨饿；一个女人不养蚕，就会有人忍受寒冻，这说明勤劳可以使人免受饥寒。至于人这一生所能享用的衣食财富和福禄，都是有定数的，如果一个人能做到俭约不贪，那他就可以颐养福气，也可以益寿延年。至于为官的，节俭能涵养清廉的节操。无论是在朝为官还是闲居乡里，只因不节俭，宅院追求华美，只想娇妻美妾侍奉，奴仆成群，交游广泛，如果他不贪污又从哪里得到钱供养这些呢？与其不廉，还不如少些欲望。有句话说："节俭可使人养成廉洁作风，奢侈会让人贪婪。"从道理上说这是必然的。

训曰：民生 民众，老百姓 本务 本业。中国古代指耕织之事 在勤，勤则不匮 kuì。竭尽，缺乏。一夫不耕或受之饥，一妇不蚕或受之寒，是勤可以免饥寒也。至于人生衣食财禄，皆有定数 谓人的财寿祸福皆命运所定，若俭约不贪则可以养福，亦可以致寿。若 至于 夫为官者，俭则可以养廉，居官居乡，只缘 只因为 不俭，宅舍欲美，妻妾欲奉，仆隶欲多，交游欲广，不贪何从给之？与其寡廉，孰若寡欲？语云："俭以成廉，侈以成贪。"此乃理之必然者。

评　析

　　人的欲望是无限的，如果不加以约束，则很可能会招致灾祸。历史上有太多的人为了满足一时的私欲，投机取巧，甚至是铤而走险，最终酿成惨剧。康熙强调"俭以成廉，侈以成贪"，要让官员和百姓养成一种勤劳节俭的习惯，以此来抑制贪欲的膨胀。这条建议，在当今社会仍然适用。

倫常乖舛
立見消亡

训曰：尝谓"四肢之于安佚也，性也"。语出《孟子·尽心下》。安佚，安逸；佚，同"逸"；性，本性 天下宁有不好逸乐者？但逸乐过节度则不可。故君子者，勤修不敢惰，制欲不敢纵，节乐不敢极，惜福不敢侈，守分不敢僭jiàn。超越本分，是以身安而泽福泽长也。《书》《尚书·无逸》曰："君子所其无逸。"《诗》《诗经·唐风·蟋蟀》曰："好乐无荒，良士瞿瞿jù jù。谨慎、勤勉的样子。"至哉斯言乎。

训曰：有句话说"人的身体耽于舒适安闲，这是人的本性"。天下哪有人不喜欢安逸享乐的？但安逸享乐超过限度就不行了。所以，君子勤于修身而不敢懒惰，限制欲望而不敢放纵，节制享乐而不敢到极点，珍惜福分而不敢奢侈，安守本分而不敢僭越，因此才能身体平安而福泽绵延。《尚书》上说："君子在任何时候都不安于享乐。"《诗经》上也说："喜好欢乐却不荒废正业，贤者谨慎又勤勉。"这是至理名言哪！

评
析

在康熙看来，人们贪图安逸是天性使然。但是如果安逸舒适超越了一定的限度就不可以。耽于安逸享乐，人就失去了追求美好未来的激情，变得萎靡颓废。康熙在这里告诫子孙们要勤政务实，决不可贪图安逸。对于现在人的教育意义在于，要勤勤恳恳，时刻提醒自己肩头的担子。只有如此，才能够实现自己的理想，才能为社会尽心尽力。

训曰：国家实行赏罚和治理的大权，掌握在居于上位的人手中。因此，改变人心使之向善，维护社会风气，使行善的人知道将受到勉励，作恶的人知道将受到惩戒。这就是代替上天宣扬教化、时时辅助上天建立功业的意思。所以，礼器上写道：上天的职责；刑鼎上写道：上天的惩罚。说明奖赏惩罚都是奉天意行事，绝不是掌管权力的人按照个人意愿的专断独行。《韩非子》中说："奖赏有功的人，惩罚有罪的人，并能不失公允做到准确恰当，就能促使人立功并防止出现过错。"《尚书》上说："上天授命给有德的人，用代表天子、诸侯、卿、大夫、士五种不同位置的制服；五色章纹各有所别；上天惩治有罪的人，用墨、劓、剕、宫、大辟五种重刑，轻重各有其用。政

训曰：国家赏罚治理之柄权力，自上操之。是故转移转变，改变人心，维持风化风俗教化，善者知劝勉励，恶者知惩。所以代天宣教、时亮天功语出《尚书·舜典》："钦哉！惟时亮天功。"时，时时；亮，辅助；天工，天的职任也。故爵礼器。指铸有铭文的礼器曰天职，刑刑鼎。指将刑法铸在青铜器上，成为国家的大法，昭告天下，增强法律威信曰天罚。明乎赏罚之事皆奉天而行，非操柄者所得私也。《韩非子》法家学派的代表著作。是战国时期法家韩非及其弟子的作品集。重点宣扬了韩非法、术、势相结合的法治理论曰："赏有功，罚有罪，而不失其当，乃能生功止过也。"《书》《尚书·皋陶谟》曰："天命有德，五服天子、诸侯、卿、大夫、士之服饰五章五种花纹。章，花纹，文采哉；天讨有罪，五刑墨、劓、剕、宫、大辟五种刑法。墨，在脸上刺字并涂黑，也称"黥"；劓 yì，割掉鼻子；剕 fèi，把脚砍掉；宫，阉割生殖器，又称腐刑；大辟，砍头五用哉。政事，

懋 mào。盛大，褒美 哉懋哉！"盖言爵赏刑罚乃人君之政事，当公慎而不可忽者也！

治事务实在盛大呀！盛大！"这是在说奖功、罚过之类的事情都是天下君王分内的政事，当秉公审慎处置而不可掉以轻心！

　　康熙认为，人君行使赏罚的目的是劝人行善，以及震慑想要为恶的人，最终实现扭转社会风气。要想达到这样的效果，人君实行赏罚时就要公正、谨慎，使作恶的人意识到即将遭受到的惩罚，从而放弃为恶的念头。这段训示也启示我们，要将犯罪的动机遏制住，不要想着等到悲剧发生了再去处理和弥补。

训曰：舜喜欢询问别人，又注意考察身边人的建议。不自以为是而喜欢征询他人的意见固然是一种美德，然而对这些意见不能不审察是否正确，所以接着再认真审察。孟子在谈到用人、用刑时，说："询问你身边的人以及诸大夫和国都中的人。这可以称得上不自以为是，不偏听一面之词，且考虑得广泛了。但最终还必须对听到的意见加以考察，从现实考量看是否可行，然后才能相信。"舜又说："卜官进行占卜，首先判断人们的意愿，然后再问命于龟卜。我的意志已定，征询大家的意见又都与我相同，鬼神也依从，占卦也和合。"箕子也说："你如果有了大的疑问，先在心里想一想，再与卿士谋议，再和百姓商量，最后再根据卜筮

训曰：舜好问而好察迩言 浅近或左右亲近的话。不自用 自以为是 而好问固本，原本 美矣，然不可不察其是否也，故又继之以好察。孟子论用人用刑，则曰："询之左右及诸大夫及国人。可谓不自用不偏听，而谋之广矣。然终必继之以察，而实见其可否，然后信之。"至若舜则曰："官占，惟先蔽 决断，判决 志，昆 次序在后的 命于元龟 大龟。古代用于占卜大事。朕志先定，询谋佥 qiān。皆，都 同，鬼神其依，龟筮 占卦。古时占卜用龟，筮用蓍草。筮 shì，用蓍草占卦 协从。"箕子 商朝贵族，纣王叔父。思想家。商朝灭亡之后，到今朝鲜半岛建立了"箕氏侯国"。箕 jī 亦曰："汝则有大疑，谋及乃心，谋及卿士，谋及庶人，谋及卜筮。"

此则又先断之以己意，然后参之于人与鬼神。可见古之圣人，或先参众论，而后审之以独断；或先定己见，而后稽 <u>稽</u>考查，考核 之于人神。其慎重不苟如此，盖众谋独断，不容偏废，但先后异用而随事因时可耳。

的结果做判断。"这又是先自己思考做出决断，然后再参考他人和鬼神的意见。可见古代的圣人，或者是先参考众人的意见，然后加以考察，再单独做出决定；或者是先拿出自己的意见，然后通过众人及鬼神的意见去验证自己的意见。他们之所以如此慎重、一丝不苟，正是因为众人的意见和个人的独立判断，两者都不能偏废，只是谁先谁后的不同使用，又是依据具体事情具体时间来确定的了。

领导者在处理事情时，既要善于倾听别人的意见，又要有自己的决断。康熙在这段训示中偏重于谈论两者之间的先后问题。有些事情，要自己先做出决定，然后再去参考别人的意见；有些事情，要先询问别人的看法，然后再由自己来做出最后的判断。孰先孰后，要见机行事。康熙的这种辩证的思考方式也给我们许多启发。

训曰：天下的事物各有不同的来源，人们对这些事物的认识也各不相同。有的事理摆在面前，是非好坏一看就清楚，运用平日学习所掌握的知识，不必事先思考和谋划就能做出决定，这叫素定之识；有的是事情突然发生，一时不能立即做出判断，必须等到深思熟虑后才能做到，这叫徐出之识；有的即使经过深思熟虑仍然不能做出决定，集众人的想法，其中必有一种是恰当的，选择正确的并运用，这叫取资之识。这三种认识事物的方式，就连圣人也要采用。因此，周公有时夜以继日地思考的时候，尧舜也要访问他人、采纳众人的意见。只因他们能竭尽自己的心思去思考，又能采纳众人的意见，所以才可以成为圣人。

训曰：天下事物之来不同，而人之识见亦异。有事理当前，是非如睹，出平日学力之所至，不待拟议_{行动前的计划、考虑}而后得之，此素定_{预先确定}之识也；有事变倏来_{忽然发生。倏 shū，迅疾}，一时未能骤_{zhòu。疾速，迅速}断，必待深思而后得之，此徐_{缓，慢}出之识也；有虽深思而不能得，合众人之心思，其间必有一当者，择其是而用之，此取资之识也。此三者虽圣人亦然，故周公有继日之思，而尧舜亦曰"畴咨"_{chóu zī。访问，访求}、"稽众"。惟能竭其心思，能取于众，所以为圣人耳。

评析

　　这则训示是康熙在传授子孙做决定的三种方法，即素定之识，徐出之识，取资之识。皇室子孙，每天都会遇到许多需要做决定的事物，有时也许会应接不暇，从而产生疏漏。康熙告诉他们一种轻重有别的处理方法，按照这样一套规制来做决定，可以提高处理事物的效率。

训曰：孟子讲"良知良能"，提出这是心固有的为善的本性，以证明人性本是善良的。孟子又说："品德高尚的人，就是不失其婴儿般善良纯洁之心的人。"这并不是说从幼儿到老年，凡事都遵从自己的心意，放纵自己的心智，任随自己的才能，没有不是天性的自然流露。即便如孔子那样达到了"随心所欲，而不违法度"的地步，尚且说是在"志学、而立、不惑、知命、耳顺"之后才做到的。所以古人在儿童蒙昧无知时就开始教育，八岁入小学，十五岁入大学，其目的在于矫正

训曰：孟子言"良知良能"，盖举此心本然之善端，以明性之善也。又云："大人者，不失其赤子之心_{比喻人心地纯洁善良。赤子，初生的婴儿}者也。"非谓自孩提_{开始会笑可提抱的幼儿}以至终身，从吾心，纵吾知，任吾能，自莫非天理之流行也。即如孔子"从心所欲，不逾矩"_{语出《论语·为政》}，尚言于"志学""而立""不惑""知命""耳顺"_{语出《论语·为政》："吾十有五而志于学，三十而立，四十而不惑，五十而知天命，六十而耳顺，七十而从心所欲，不逾矩。"大意是：我十五岁立志于学，三十岁自立，四十岁无疑惑，五十岁知天命，六十岁领悟，七十岁随心所欲而不逾越法度}之后。故古人童蒙_{蒙昧未开的儿童}而教，八岁即入小学_{周代的初级学校。}与大（太）学相对。是专为贵族子弟中幼童至少年接受教育所设立的场所。学习六书和洒扫应退之学，十五而入大学_{相对小学而言，是专为贵族十五岁以上子弟接受教育而设立的场所。学习修齐治平之学，也称大人之学}，所以正其禀习_{禀性，习气}之

偏，防其物欲之诱，开扩其聪明，保全其忠信者，无所不至。即孔子之圣，其求道之心<u>乾乾</u>自强不息的样子 不息，有<u>"不知老之将至"</u>语出《论语·述而》："发愤忘食，乐而忘忧，不知老之将至云尔。"大意是：发愤用功而忘记吃饭，高兴起来忘记忧愁，不知道老年即将到来。

故凡有志于圣人之学者，其<u>择善固执</u>语出《中庸》："诚之者，择善而固执之者也。"大意是：要达到真诚，就要选择善而坚持不懈去做，<u>克己复礼</u>语出《论语·颜渊》。约束自己，使每件事都归于礼。克，约束，循循勉勉，无有一毫忽易于其间，始能日进也。

他禀性、习气中所出现的偏差，防止他被物欲所诱惑，开启他的聪明才智，保持他的忠诚守信，无所不包。即便孔子这样的圣人，追求真理的信念也是自强不息，犹如不知自己已进入老年。因此，凡是有志于探求圣人学问者，他们择善而从就坚持不懈，约束自己使言行符合礼的要求，恭顺有序、勤勉不懈，中间没有一丝一毫的疏忽轻视，这样才能每天都进步。

康熙在训示中首先列举孟子所言，认为良知、良能是人心中固有的天性，是行善的开始，以此来说明人性本善的道理。接着，康熙又引用孟子的另一名言"大人者,不失其赤子之心者也"告诉子孙们，品行高尚的人保有一颗婴儿般善良纯洁的心，对人对事至纯至善。康熙为了澄清子孙们有可能出现的对良知良能的误读，阐明人并非一生都可随其心性，放纵自己的内心感情，放纵自己的认识能力，放纵自己的才能，即使像孔子这样的圣人，到七十岁时才能做到听从心之所想，不违反任何规矩。最后，康熙抛出结论，若想成贤成圣必得孩童时开始进行教育，目的就是为了端正他的禀性，防止他被物质欲望所诱惑。虽然人之初未必有善恶，但有志于学问的人，都应该坚持不懈，规范自己的言行，这样才能有所进步，却是值得肯定的。

训曰：朕自幼留心典籍，比年_{近年}以来，所编定书约有数十种，皆已次第_{依次}告成。至于字学_{文字学}，所关尤切，《字汇》_{明朝至清初最为通行的字典。按楷书笔画分部，共 14 卷，收录了 33179 个字。明朝梅膺祚编}失之简略，《正字通》_{是一部按汉字形体分部编排的字书。明朝张自烈编。共 12 卷，补充修正《字汇》的误漏}涉于泛滥，兼之各方风土不同，语音各异。司马光之《类篇》_{是一部按汉字部首编排的字书。收录了 31319 个字。着力探讨字原、古音、古训，阐明古今字形的演变。此书实为王洙、胡宿等撰}，分部或有未明；沈约_{字休文。南朝宋史学家、文学家}之《声韵》_{即《四声谱》。南朝沈约撰。提出"四声八病"说}，后人不无訾议_{非议。訾 zǐ，诋毁}，《洪武正韵》_{明代洪武年间编写的一部官方韵书。共 16 卷。由乐韶凤、宋濂等编}，多所驳辩，迄不能行，仍依沈韵。朕参阅诸家，究心考证，如我朝清文以及蒙古、

训曰：我从小就留心古代典籍，近年来，主持编定的书籍大约有几十种，都已依次完成。对于文字学，我更加关注。《字汇》的缺陷是过于简略，《正字通》涉及的内容又过于繁杂，加上各地风俗习惯、地理环境不同，语音存在着很大的差异。司马光的《类篇》，文字的分部存在不够明晰的地方；沈约提出声韵说，后人也多有非议；《洪武正韵》，对沈约的学说作了很多辩论驳难，但至今不能通行，人们还是按沈约的声韵说区分字的韵部。我参阅各家学说，深入研究、细心考证，发现诸如我清朝的满文，以及蒙

古、西域、海外各国的文字，大多是由字母发展而成，其读音虽然由于地域不同而有差异，但文字无不是借助点画构成的，两个字合成一个新字，两个韵反切拼读出一个音。由此可知，天地间的元音由人声发出而成，人声的形象又借助字体来表现。所以我考虑编订一部书，给它取名《康熙字典》，增补《字汇》中缺漏的字，删除《正字通》烦冗的部分，务必做到详略适中，内容恰当，或许这样就可以永远流传以示后人。

西域 泛指葱岭（今帕米尔高原）以西诸国，即今中亚、西亚各地、洋外诸国，多从字母而来，音虽由地而殊，而字莫不寄于点画，两字合作一字，二韵切为一音 指古代注音的反切之法。用两个汉字来注另一个汉字的读音，上切字取声母，下切字取韵母与声调。因知天地之元音 母音 发于人声，人声之形象寄于字体，故朕酌订一书，命曰《康熙字典》 中国第一部以字典命名的汉字辞书。编撰工作始于康熙四十九年（1710年），成书于康熙五十五年（1716年），历时六年，故书名叫《康熙字典》。字典采用部首分类法，按笔画排列单字，共收录汉字47035个。由总纂官张玉书、陈廷敬主持，修纂官凌绍雯、史夔、周起渭、陈世儒、贾国维等合力完成，增《字汇》之阙遗 缺失，遗漏。阙 quē，残缺，不完善，删《正字通》之繁冗，务使详略得中，归于至当，庶 或许，希望 可垂示永久云。

评析

康熙自幼受到儒家文化的良好熏陶，他的身上也透露出学者的睿智与人文情怀。因此，在处理政务之余，他也非常关注文化事业的发展。这段文字可以看出，康熙身为一国之君，公务缠身，却还牵挂着字典辞书的编辑整理。这为后世有志于学的人，树立了一个良好的榜样。

训曰：我从小所看的医书很多，能深刻地了解这些医书的源流，所以，对于后世假托古人之名写的医书，定能辨别真伪。现在的医生所习得的医术太过肤浅，而专门为了图利，心存不善，怎么去给人治病？比如，各种药的药性，人如何了解它呢？全都是古代圣人所指示的。因此，凡是我试用过的药，和能把病治愈的良方，我一定告诉大家，或者在各地寻到的药方，一定告诉你们都记着，只是希望可以让更多的人受益。

训曰：朕自幼所见医书颇多，洞彻透彻理解其原，故后世托古人之名而作者必能辨也。今之医生所学既浅，而专图利，立心不善，何以医人？如诸药之性药效，人何由知之，皆古圣人之所指示者也。是故朕凡所试之药与治人病愈之方，必晓谕告知广众，或各处所得之方，必告尔等共记者，惟冀jì。希望有益于多人也。

评
析

康熙从小看过很多医书，可以说是精通医理。而现在的医生才疏学浅，医道不精却唯利是图，居心不良。他们丧失了最起码的道德，难以为人看病。各种药物的药性，人们也无法轻易地知道，全靠古代圣贤的说明。所以，康熙把自己知道的药方告诉其他人，从而希望医治更多的人。

训曰：药品不同，古人有用新苗者，有用曝（pù。晒）晒干者，或以手折口咬撮（cuō。聚集，聚合）合一处。如今皆用曝干者，以分量称合，此岂古制耶？如蒙古有损伤骨节者，则以青色草名"绰尔海"之根，不令人见，采取食之，甚有益。朕令人试之诚然，验之，即内地之"续断"（中药名。多年生草本植物。因其根干燥后能"续折接骨"而得名。）由此观之，蒙古犹有古制。药惟与病相投，则有毒之药亦能救人。若不当，即人参，人亦受害，是故用药贵与病相宜也。

训曰：药的品种不同，古人有的药材用其新苗，有的用晒干的，有的手折口咬将其混合在一起使用。如今全用晒干的，按分量称好合在一起配药，这难道符合古制之法吗？例如在蒙古，当地有人损伤了骨节，就用一种青色草名叫绰尔海的根，不让人看见，采了吃下，很有效。我让人试了果然有效，查验后知道，原来就是内地的"续断"。由这件事上来看，蒙古还保存着古制之法。药物只要与病相适应，那么就是有毒的药也能救人。如果用药不当，即使是人参，吃了也会受其害。所以说，用药最重要的是对症。

评
析

俗说"对症下药"，康熙在此则训示中说明，只要药物能够与病理符合，那么，即使是有毒的药物也能医治好病人。否则，如果药物不对症，即使是人参也有可能使人受到伤害。因此，药物要与病情相吻合。

训曰：养生之道，饮食为重。设如身体微有不豫_{有病。本是天子有疾的讳称}，即当节减饮食，然亦惟比寻常稍减而已。今之医生，一见人病，即令勿食，但以药物调治。若或内伤，饮食者禁之犹可；至于他症，自当视其病由_{病因}，从容调理，量进饮食，使气血_{古人认为人赖以维持生命的是体内的气息和血液}增长。苟_{如果}于饮食禁之太过，惟任诸凡_{所有，一切}补药，鲜_少能滋补气血而令之充足也。养身者宜知之。

训曰：养生之道，要以饮食为重。假如一个人身体稍有小病，就应当节减饮食，但也只是比平时略有减少就可以了。现在的医生，只要一见人生病，就让病人不要吃东西，仅用药物治疗。如果病人是内脏伤病，禁绝饮食还可行；至于其他的病症，自然应该根据具体的病因，慢慢调理，适量进食，使血气增长。如果过分禁绝饮食，只凭各种补药调养，很少能够滋补气血使气血充足的。养生者应该懂得这些道理。

评析

这段训示在阐释养生之道，康熙认为得了小病，没有必要小题大做，只要用饮食来调理一下，使气血调和就能慢慢恢复健康，一味地吃药可能会适得其反。

训曰：我从前曾到各位王公大臣的花园里去游览，看到他们所造的房屋，全都效法汉人，房内设置各式各样曲曲折折的隔断，把它叫作套房。那时我也觉得非常工巧，曾在一两处效仿着去做，但住的时间长了就感到不太称心，于是以后就不再这样做了。你们都各自有花园，千万不要在其中做成这种套房，只应以房间宽敞明亮，居住适合人意为主。

训曰：朕从前曾往诸王大臣等花园游幸_{游览}，观其盖造房屋，率皆效法汉人，各样曲折槅_{gé。隔}断，谓之套房。彼时亦以为巧，曾于一两处效法为之，久居即不如意，厥后不为矣。尔等俱各自有花园，断不可作套房，但以宽广弘敞_{高大宽敞}，居之适意为宜。

评析

住房与每个人都息息相关，如果居所不如意，那会严重影响我们的生活质量。汉民族民居建筑的风格多样，其中有一种玲珑别致的园林，令人赏心悦目。但是，满人发迹于北方，住惯了宽敞的大房子，在园林式的房屋中住久了，就会觉得不舒服。康熙希望子孙不要一时心血来潮，以致徒费人力物力。

训曰：朕虽于谈笑小节，亦必循理。先者大阿哥（康熙长子胤禔。阿哥，满语，清代称皇帝诸子为阿哥。同辈男性称年长者亦为阿哥）管养心殿营造事务时，一日同西洋人徐日昇（字寅公。葡萄牙人。耶稣会传教士。曾任宫廷音乐教师，供职钦天监。昇 shēng）进内，与朕闲谈中间，大阿哥与徐日昇戏曰："剃汝之须可乎？"徐日昇佯佯不采（因不高兴而不大想搭理。佯佯 yáng yáng），云："欲剃则剃之！"彼时朕即留意，大阿哥原是悖乱（犹悖道。悖 bèi，违背，相抵触）之人。设曰："我奏过皇父，剃徐日昇之须。"欲剃则竟剃矣，外国之人谓朕因戏而剃其须可乎？其时朕亦笑曰："阿哥若欲剃，亦必启奏，然后可剃。"徐日昇一闻朕言，凄然变色，双目含泪，一言不出。

训曰：我对于即使谈笑这一类的小事，也要遵循一定的道理。先前大阿哥主管养心殿营造事务时，有一天同西洋人徐日昇一起进宫来，和我闲谈中间，大阿哥跟徐日昇开玩笑说："剃了你的胡子，可以吗？"徐日昇半理不睬地说："要剃就剃啊！"那时我就留意到，大阿哥原来是个对人不敬、有点违背情理的人。假如他说："我启奏过父皇，剃徐日昇的胡子。"要想剃他就真的剃了，这让外国人说我因为开玩笑而剃了一个人的胡子，可以吗？当时我也笑着说："阿哥如果要剃，也一定启奏我知道，然后才可以剃。"徐日昇一听我说这话，凄然变色，两眼含泪，一句话也不说。

又过了几天，徐日昇独自来见我，流着泪对我说："皇上您怎么如此神明呀！作为皇子即便他剃了我这个外国人的胡子，又有什么关系呢？皇上还考虑到还没发生的事，降下这道谕旨，实在让我担当不起呀！"其后四十七年，我生病时，徐日昇听信外边的胡言乱语，认为我的病难以治愈，就到养心殿大哭，怨恨自己没有福气，随后回去，到家就死了。这就是一句话可以得人心，而一句话也可以失去人心呀！

既逾数日后，徐日昇独来见朕，涕泣而向朕曰："皇上何如斯之神也？为皇子者即剃我外国人之须，有何关系？皇上尚虑及未然，降此谕旨，实令臣难禁受_{消受}也。"厥后_{其后}四十七年_{康熙四十七年}，朕不豫时，徐日昇听信外边乱语，以为朕疾难愈，到养心殿大哭，自怨其无造化_{福分}。随回，至家身故。夫一言可以得人心，而一言亦可以失人心也！

评析

　　病从口入，祸从口出。康熙从正反两个方面来告诫子孙，君无戏言，即使是开玩笑也要控制好分寸。有时一句玩笑会令别人不悦甚至寒心，也会给自己招致非议。有时则能够体现出一个人的修养。不仅为人君者要注意，我们普通人也要当心谨慎。正所谓，一句话可以得人心，一句话也可以失去人心。

训曰：我朝先辈老者虽未深通书史，然所行奇处极多。即如古有结绳之政[传说文字产生之前，人们结绳记事。《尚书·序》说："古者伏羲氏之王天下也，始画八卦造书契，以代结绳之政，由是文籍生焉。"]，我朝先辈奏事亦尝结带为记；古用木简、竹简书字，我朝今用绿头牌[王士祯《池北偶谈》载：清代，凡遇紧急事务或事涉琐碎，由六曹（即六部尚书）上奏者，即用绿头木牌，以满文书节略于其上，称为绿头牌]木牌。由此观之，凡圣人应运而兴者，所行自暗与古合，诚足异也。

训曰：我朝前辈老人虽然不怎么精通古书旧史，但是他们所做的事情奇绝之处极多：像上古时期有结绳记事的方法，我朝前辈奏事时也曾经以结带为标记；古代用木简、竹简写字，我朝现在用绿头牌和木牌。由此看来，凡是圣人应时运而兴起的，所作所为自然与古代暗合，这果真令人惊奇啊！

评析

康熙认为满族的先辈虽然并没有深入了解书史，但是令人惊奇的地方却很多。比如，古代有结绳之政，清朝的先辈们便也会用结带来记事；古代用简牍写字，清朝的先辈们也用绿头牌和木牌。所以说，圣贤之人的行为与古人很相似。康熙在此颂扬了他们祖先的能力，也希望通过这些描述告诫自己的子孙们要崇敬他们的先辈。

训曰：春夏之交，小孩子玩耍时，在院子里无妨，不要让他们坐在走廊下。这是老年人常常说的。

训曰：春夏之时，孩童戏耍，在院中无妨，勿使坐在廊下，此老年人常言之也。

评
析

这则训示康熙借老年人曾经说过的话，向子孙们传递一条信息，应该注重小孩子的养育，春夏之交，气候由寒转暖，气温变化较大。小孩体弱，廊檐之下是风口，坐在廊檐下容易着凉，所以老人们主张勿让小孩坐在廊下。

训曰：昔者喀尔喀尚未内附之时，惟乌朱穆秦 或作乌珠穆沁。蒙古一部，在古北口东北。之羊为最美。厥后七旗之喀尔喀尽行归顺，达里岗阿 达里岗牧场。也作达尔冈爱。在今内蒙古乌兰察布市一带 等处立为牧场，其初贡 供奉 之羊，朕不敢食，特遣典膳官 官名。清代王府属官。掌供王府膳馐之事 虔供陵寝，朕始食之。即如朕新制珐 fà 蓝碗，因思先帝时未尝得用，亦特择其嘉者恭奉陵寝 帝王家族的陵墓寝庙，以备供茶，朕之追远 追念前人前事 致敬，每事不忘，尔等识 志，记 之。

训曰：以前喀尔喀诸部还没有归附的时候，只有乌朱穆秦部的羊，味道最为鲜美。之后七旗的喀尔喀全部归顺时，达里岗阿等地就被辟为牧场。那里最初进献的羊，我不敢自己先吃，特地命典膳官拿去虔诚地供奉在祖宗先帝陵寝中，我才开始吃。就像我新制了珐蓝碗，因为想到先帝在时未曾享用过，也特地选了其中最好的恭恭敬敬地供奉于先帝陵寝，以备供茶所用。我这样虔诚恭敬地追思先人，每件事都不忘祖宗先帝，你们也要记住照着去做。

康熙嘱咐子孙要慎终追远，对前人怀着敬重和感恩之心。慎终追远也是我国的优良传统，在追思前人时，我们会在潜移默化中产生一种感恩思齐之心。这种心态在无形之中砥砺我们，珍惜来之不易的生活，向前人看齐，不畏困难，努力打拼。

训曰：我从小就喜欢观察农事劳作，凡从各地得到粮食和蔬菜种子，一定种在地里以观察其收获情况，实在是希望把这些农作物推广给百姓种植，对民生或许会有好处。我在丰泽园里种植的稻子，偶尔有一穗比别的先熟，于是留做种子，再种就比别的稻种早熟。如果在南方那些比较暖和的地区，这些稻种也可望一年两熟。就像外国及各省的花卉，凡是能得到的种子，种了就成活生长，而且花开得非常茂盛。观察这些，各种花木生长需按其本性的道理，就可以了解了。如今塞外的野茧，像山东的山茧那么大，我用这种野茧织成茧绸，做成衣服穿了，这些都是农桑要

训曰：朕自幼喜观稼穑^(jià sè)。农事的总称。春耕为稼，秋收为穑，所得各方五谷菜蔬之种必种之，以观其收获，诚欲广布^(发布)，于民生或有裨益^(益处，补益。裨 bì 增添，补助)也。朕丰泽园^(在中南海瀛台西北门外。门前有稻畦数亩，为康熙帝亲课农桑、亲自耕种之地)所种之稻，偶得一穗，较他穗先熟，因种之，遂比别稻早收。若南方和暖之地，可望一年两获。即如外国之卉，各省之花，凡所得种，种之即生，而且花开极盛。观此，则花木之各遂^(顺)其性也，可知矣。今塞外之野茧^(jiǎn。蚕或某些昆虫吐丝做成的壳)，大似山东之山茧，朕因织为茧绸制衣衣^(穿衣)之，此皆农桑之要

务。至于花木，皆天地生意所发，故朕心深惬 qiè。满足，畅快 焉。

事。至于花木，都是天地生机的自然生发，所以我的内心特别舒畅。

虽然种植庄稼是底层农民的事情，似乎与帝王沾不上关系，但是民以食为天，为君者依然要关心农业生产。康熙是一位贤明的君主，只要与国运有关的事情，无论巨细，他都尽心尽力，有时也会亲力亲为。他在丰泽园的水稻中发现一颗早熟的稻穗，立刻想到在南方温暖的气候中培育这种庄稼，这样一年可以多收获一季，增加收成。

训曰：古人曾说："三年的耕种一定要存留一年的积蓄，九年的耕种一定要存留三年的积蓄。"这是预防荒年的最好方法，应当在平时就加以注意。近来看到百姓蓄积贫乏，一旦遇到水旱灾荒，日子就很难支撑下去。这都是丰收之年，粮食到处乱放，不能妥善储备导致的结果。一国之计如此，一家之计也是这样。因此，凡是家有田产足以保障赡养供给的，也要量入为出，这样吃穿用度有个标准，生活安排得丰俭适度，安守本分蓄养福泽，子孙后代才能长久地守持家业。

训曰：古人尝言："三年耕必有一年之积，九年耕必有三年之积。"语出《礼记·王制》 此先事预防之至计，所当讲求于平日者。近见小民蓄积匮乏 kuì fá。缺乏，贫乏，困乏 ，一遇水旱，遂至难支。此皆丰稔 丰收。稔 rěn，庄稼成熟 之年，粒米狼戾 散乱堆积。戾 lì ，不能储备之故也。国计若是，家计亦然。故凡家有田畴 泛指田地。畴 chóu，田地 足以赡 shàn。足够，富足 给者，亦当量入为出，然后用度有准，丰俭得中，安分养福，子孙常守。

评析

这则训示也是在告诫我们，天有不测风云，做任何事情都要未雨绸缪，吃穿用度更是要如此。因此，在丰收之年，不要随意挥霍粮食。帝王要为国家着想，户主要为家庭负责，考虑到子孙的生计，量入为出。如今，我们国家提倡节俭之风，正与这种优良的传统一脉相承，我们要积极响应。

训曰：朕生性不喜价值太贵之物。出游之处，所得树根或可观之石，围场古时围起来专供皇帝、贵族打猎的场地所获野兽之角或爪牙，以至木叶之类，必随其质而成一应用之器。即此观之，天下之物，虽最不值价者，以作有用之器，即不可弃也。

训曰：我这个人本性不喜欢价值太贵的东西。在游览的地方找到的树根，或者可供观赏的石头，围猎时获得的野兽的角或爪牙，乃至树叶之类的东西，一定根据它的特征制作成一件可以使用的器物。由此来看，天下万物，即使是最不值钱的东西，若拿来制成有用的器物，就不可把它抛弃了。

评析

在选用日常生活用品时，只要实用就好，又何必去在意它的价值呢？皇室贵族们喜欢讲究排场，往往会搜集奇珍异宝，来攀比炫耀。有鉴于此，康熙于是用这段训示给子孙们"打预防针"，树立一个参照，打消他们争奇斗巧的念头。在当今社会，炫富的事情时有发生，若能明白这个道理，又何必去做无意之事呢？

训曰：我曾经见到有人讨论旧瓷器皿，把它当作古玩。但是从常理来说，旧瓷器皿都是古人用过的东西，它摆在什么地方，都不可知，看来未必洁净，不是显贵们饮食所应当使用的，不过把它们放在案头，或是陈列在书橱里，偶尔拿出来欣赏把玩还是可以的。这也是富贵人家应当特别留心的一件事，所以讲给你们知道。

训曰：尝见有人讲论旧磁器皿以为古玩。然以理论，旧磁器皿俱系昔人所用，其陈设何处，俱不可知，看来未必洁净，非大贵人饮食所宜留用，不过置之案头，或列之书厨 柜子。后作"橱" 以为一时之清赏可矣。此亦富贵人家所宜留心之一节，故语尔等知之。

评析

皇家成员的家中必定会有各种古董，康熙看问题比较深远，他考虑到那些古董在流传中可能有各种各样的用途。因此，他告诉儿女，把古董放在架子上欣赏，或者偶尔拿出来把玩一下还好，但是要注意卫生，不可把它们当作餐饮用具来使用。这其中，应当也有康熙保护文物珍玩的意图。

训曰：诸国必有一所敬之神，即如我朝之敬祀祖神者。如蒙古、回子回教徒。伊斯兰教在中国称回教、番此指吐蕃，藏族、苗、猓猓guǒ guǒ。我国西南少数民族彝族的旧称以及各国之人，皆自有一所敬之神。由此观之，天之生斯人也，敬之一字，凡事不可须臾片刻，很短的时间。臾jú离也。

训曰：各国一定有一个他们所敬的神，就像我大清朝敬畏祭祀祖神一样。其他像蒙古、回族、藏族、苗族、彝族以及世界各国的人，都各自有一个他们所敬畏的神。由此看来，上天生出下民，"敬"这一个字，凡事一刻也不能离的。

康熙认为，每个国家都有自己所敬奉的神灵。人们所信奉和敬仰的神灵，当是本民族、本国传说中的天地万物的创造者和主宰者，古人认为他们一定有超凡能力，无所不知，无所不能。敬畏神灵，相信神的存在，时时处处把神放在心里，小心谨慎地按照神的意旨行事。这一点，各个国家，各个民族当是相通的。因此，每个人都应该虔诚敬奉祖神。

训曰：每个人都各有一种自己惧怕的东西，有的人怕蛇而不怕蛤蟆，也有人怕蛤蟆而不怕蛇。我虽然不怕各种东西，但从来不拿这些东西戏弄人。当怕虫的人见了他所惧怕的虫子，就会不顾身体性命，往往竟有拔出刀来的。如果在君主面前拔出刀子，都是重罪。明明知道这些缘故，却因为要戏耍别人而致人陷于重罪，这又有什么意思呢？你们应该留心牢牢记住。

训曰：凡人各有一惧怕之物，有怕蛇而不怕虾蟆 há má。青蛙和蟾蜍的统称。此处指蟾蜍，即癞蛤蟆。蟾蜍 chán chú；蛤 há 者，亦有怕虾蟆而不怕蛇者。朕虽不怕诸样之物，然从来不以戏 戏弄 人。在怕虫之人见其所怕之虫，不顾身命，往往竟有拔刀者。如在大君之前，倘出锋刃，俱系重罪，明知此故，而因一戏以入人罪，亦复何味？尔等留心切记可也。

这段训示从生活细节入手，说明每个人都会有自己害怕的东西，不要去戳别人的柔弱点，那可能会导致无法收拾的尴尬场面。皇室成员要注意自己的举止，维护威仪，因而当众失态是一件严重的事情，这可能关系到国家的体面。因而，康熙告诫子孙，不要因为贪玩戏耍而连累别人获罪。

训曰：敬重神佛，惟在我心而已。自唐宋以来，相传遇神佛祭日，特^{特意}造神佛纸像供之，祭毕复焚。此虽无关乎大礼，然于道理甚不合。外边小人随其俗尚可已，我等为人上者，知此当各戒之。

训曰：敬重神灵和佛，只要放在我们内心敬重就可以了。从唐宋以来，相传遇到祭祀神佛的日子，就特意制作神佛纸像加以供奉，祭祀完，再把纸像烧掉。这虽然于大礼没有什么关碍，然而从道理上说却很不相符。外边的无知小民随他们各自的风俗去做尚可，我们这些居于上位的人知道了这个道理就应当戒除。

评析

孔子云："祭如在，祭神如神在。"强调的是祭祀时不仅要注重礼节，还要在心中尊敬神明。康熙也持同样的看法。不过他认为唐宋以来形成的祭祀传统有不妥之处，虽然符合礼仪要求，但是有时于道理上却说不通。清王朝入关未久，对中原文化可能会有一些的隔阂，康熙的这段话可以做进一步的探讨。

训曰：我南下巡视多次，看到大江以南，水土都很柔软，人的身体也单薄。各种饮食菜品，看起来鲜明奇特，但对人却没有什么补益。大江以北，水土好，人长得也强壮，各种饮食，对人都有很大的益处。这天地间水土的区别，一定有它的理数。现在有些北方人，在饮食上刻意仿效南方，这是断不可取的。这不只是各地水土不同，人的肠胃也各不相同。北方人勉强仿效南方人，时间久了会使人渐渐变得软弱，对身体有什么好处呢？

训曰：朕南巡数次，看来大江以南，水土甚软，人亦单薄。诸凡饮食，视之鲜明奇异，然于人则无补益处。大江以北，水土即好，人亦强壮，诸凡饮食，亦皆于人有益。此天地间水土一定之理。今或有北方人饮食执意效南方，此断不可也。不惟各处水土不同，而人之肠胃亦异。勉强效 模仿，学习 之，渐至于软弱，于身有何益哉。

评析

一方水土养一方人。南方是鱼米之乡，物产丰富，因此在饮食上也追求味美。北方人则吃五谷杂粮，注重营养。发迹于北方的满清人，入关之后坐拥中原，一些皇室子孙开始喜好南方饮食。康熙担心长此以往，不利于子孙的成长，因此告诫他们要多食用粗粮，不要随意效仿南方，这样身体才不至于单薄软弱。

训曰：漆器之中，洋漆最佳。故人皆以洋人为巧，所作为佳。却不知漆之为物，宜潮湿而不宜干燥。中国地燥尘多，所以漆器之色最暗，观之似粗鄙。洋地在海中，潮湿无尘，所以漆器之色极其华美。此皆各处水土使然，并非洋人所作之佳，中国人所作之不及也。

训曰：漆器之中，以洋漆漆得最好。因此人们都认为洋人的手艺精巧，他们所制作的东西好。殊不知漆这种东西，适合潮湿的环境，而不适合干燥的条件。中国各地大多气候干燥，尘土也多，所以漆器的色彩最暗，看上去似乎粗糙低下。洋人国土四面环海，空气潮湿，没有灰尘，所以漆器的颜色极其华美。这都是各地的水土造成的，并不是洋人制作的漆器就好，中国人制作的就赶不上他们。

评析

康熙时期，西方商人进入中国，带来了许多西方的商品，同时也输入了许多新的技艺。俗话说："外来和尚好念经"，在猎奇心理的驱使下，一些人产生了盲目崇拜的心理。康熙叮嘱子弟，在看待外国的器物时，要全面地看待，不要一叶障目。

训曰：关外地方水土肥美，当地人只知道种些穄、黍、稗、稷之类的作物，总是不知道种植别的谷物。因为我出行时驻扎在边外，尽知那里的土壤情况，教当地人种植各类谷物。历年来，各种谷物都获得了丰收，开垦的田地也多了，从各地聚集而来的人很多，各个山谷中也都聚成了大的村落。上天爱民，凡是水陆之地，没有一处不可以养活人的，只怕人不勤勉努力罢了。如果真能勤苦劳作，到处都可以耕田凿井，以供养妻子儿女。

训曰：边外水土肥美，本处人惟种穄 méi。即穄子，一种不黏的黍、黍 shǔ。黄米、稗 bài。稗子、稷 jì。粟等类，总不知种别样之谷。因朕驻跸 古代帝王出行途中暂停小住。后泛指与帝王行止有关的事情。跸 bì，泛指帝王出行的车驾行列边外，备知土脉 土壤情形，教本处人树艺 种植，栽培各种之谷。历年以来，各种之谷皆获丰收，垦田亦多，各方聚集之人甚众，即各山壑 山谷。壑 hè，坑谷，深沟中皆成大村落矣。上天爱人，凡水陆之地，无一处不可以养人，惟患 担心人之不勤不勉尔。诚能勤勉，到处皆可耕凿 耕田凿井以给妻子也。

评析

上古时代的帝王曾教授百姓种植栽培技术，康熙继承了先贤的传统，有时也会传授给农民一些稼穑知识。边疆地区，信息闭塞，荒废良田的事情时有发生。康熙认为上天眷顾百姓，水陆之地都是恩赐，可以种植庄稼，供养人民。所以，康熙出巡之时，便会留意土壤的情况，因地制宜，传授百姓养家糊口之道。

兄弟叔姪
須分多潤
寡

兄弟叔侄
需分多潤
寡

训曰：我朝满洲旧风，凡饮食必甚均平，不拘_{限，限制}多寡，必人人遍及，使尝其味。朕用膳时，使人有所往，必留以待其回而与之食。青海台吉_{汉语"太子"一词的音译。原是成吉思汗后裔的通称，清代成为蒙古世爵}来时，朕闲话中间问伊_{yī。他}等旧风，亦云如是。由是观之，古昔所行之典礼，其规模皆一，殆_{大概，恐怕}无内外远近之分也。

训曰：我朝满洲的旧习俗，凡是饮食一定均分，不论多少，一定要人人有份，使每个人都能尝到味道。我吃饭时，让人到另外一个地方去了，一定留着饭菜等他回来给他吃。青海的台吉来时，我闲谈中问起他们的旧习俗，说跟我们的一样。由此看来，古代所行的典制礼仪，其规矩程式都是相同的，大概没有内外远近之分。

评
析

这段训示讲饮食的礼节。康熙将民族的传统告诉子孙，让他们在用膳的时候也要体现出对别人的尊重。末了，康熙又由饮食风俗引申去谈，告诫自孙要遵循古制。虽然各地习俗有不同之处，但大同小异，追本溯源都是一样的。所以遵循古制行事，也就没有内外远近之分了。

训曰：明朝末年，西洋人开始到中国，他们制作了计时用的日晷。开始只做了一两个，当时明朝皇帝将其视为珍宝，格外看重。顺治十年间，世祖皇帝得到一个小自鸣钟作测时用，片刻不离左右。后来又得到一个稍大的自鸣钟，遂开始仿造，虽然能模仿它的规矩样式做成里面的轮环，但是对用作动力的发条不得其法，所以不能使它走时准确。到我做了皇帝，从西洋人那里得到了制作发条的方法，即使制作几千几百个自鸣钟，也可以使每一只走时准确无误，于是将从前珍藏的世祖皇帝时的自鸣钟全部修理，

训曰：明朝末年，西洋人始至中国，作验时之日晷^{也叫日规。利用太阳投射的影子来测定时刻的装置。晷 guǐ，日影。}初制一二，时明朝皇帝目以为宝而珍重之。顺治十年^{即1653年}间，世祖皇帝得一小自鸣钟^{一种能报告时刻的钟。也泛指时钟。}，以验时刻，不离左右。其后又得自鸣钟稍大者，遂效彼为之，虽能仿佛其规模而成在内之轮环，然而上劢^{拧紧机械发条。劢 jìn，古同"劲"，多力}之法条^{即发条。发动机械的一种装置。将片状钢条卷紧，利用弹性作用逐渐松开时产生动力，带动齿轮转动}未得其法，故不得其准也。至朕时，自西洋人得作法条之法，虽作几千百，而一一可必其准，爰^{yuán。于是}将向日^{往日，从前}所珍藏世祖皇帝时自鸣钟尽行修理，使之

皆准。今与尔等观之。尔等托赖朕福，如斯少年皆得自鸣钟十数以为玩器，岂可轻视之，其宜永念祖父所积之福可也！

使其全部走时准确。现在让你们每个人看看。你们托我的福，如此年轻就各自得到十几个自鸣钟作为玩器，怎么可以轻视呢？你们应当永远感念祖上父辈所积下的福泽啊！

此则训示中主要描述了康熙如何向西方人学习制作发条的技术，从而为子孙们提供了更为准确的钟表玩物。由此可见，康熙的接受能力很强，对于外来事物抱着学习的态度。与清朝后期闭关锁国的状态不同，康熙对于西洋事物更多的是带有一种开放的态度。

训曰：我所居住的殿里，现在铺的毡片等东西，差不多用了三四十年，从未更换过的也有。我生性廉洁，不愿在用度上过于奢侈。

训曰：朕所居殿，现铺毡片等物，殆及三四十年而未更换者有之。朕生性廉洁，不欲奢于用度也。

评析

康熙是一个十分节俭的皇帝，日常生活中，能省则省。他把自己的廉洁事迹告诉给子孙，并没有炫耀的意思，而是希望他们能够有感于此，养成节约的习惯。如今，如何教育好孩子，又不会让他们产生逆反心理，成为很多人需要考虑的问题。康熙教育子女的方法，能给我们许多启发。

训曰：旧满洲忌讳之事皆如**古典**古代典制。即如遇一忌讳之事，有年高者，则子弟为年高者忌讳；子孙众多，年高者亦为子孙忌讳。是皆彼此爱敬之意。汝等知此，必遵而行之。

训曰：旧满洲忌讳的事都符合古代典制。就如遇到一件必须忌讳的事，有年纪大的人，那么子弟们要为年纪大的人避讳；子孙众多，老年人也为子孙避讳。这都是彼此爱护敬重的意思。你们知道了这些道理，就必须遵照着执行。

此则训示，康熙旨在告诉每一个子孙知道，满洲旧制中不仅有关于喜庆吉祥事情的规定，对子孙们需要禁止的事情也做了规定，比如，子弟们要对长者有所避讳，同理长者也要对子孙有所避讳，这体现了彼此之间的尊重与关爱。康熙通过对这条禁忌的说明，让子孙们了解满洲旧制与古代圣人制定的典制相合，以此表明满洲历史的久远和文明程度绝不亚于汉地。训示最后告诫子孙们要遵循古法，对先人报以崇敬之心。

训曰：凡是残障之人，决不可取笑，就如失足跌倒的人也不可讥笑一样。见到残障之人应该心生怜悯之情。有些无知之辈，见了残障的人常常取笑他们，这种人不是自己招来这种残障，就是祸及他的子孙后代。就像讥笑别人跌倒，很快也许自己就会失足摔倒。所以我朝的前辈老人常说："不要轻易取笑别人，取笑别人必然自己招祸。"正是说的这个呀。

训曰：大凡残疾之人，不可取笑，即如跌蹼 diē pǔ。亦作跌扑。摔跟头 之人亦不可哂 shěn。讥笑。盖残疾之人，见之宜生怜悯。或有无知之辈，见残疾者每取笑之，其人非自招斯疾，即招及子孙。即如哂人跌蹼，不旋踵 掉转脚跟。比喻时间极短。踵 zhǒng，脚后跟 间或即失足。是故我朝先辈老人常言"勿轻取笑于人，取笑必然自招 招致祸患"，正谓此也。

评析

康熙告诫子孙对待身有残疾的人要抱有怜悯之心，同情他们的不幸遭遇。他十分厌恶取笑残疾者的人，认为那样做是很无礼无知的行为，会给自己和子孙招来厄运。康熙的这一席话，对当今社会也很有教育意义。对待残疾人，我们也要尽可能做一点力所能及的事情来帮助他们，最重要的是让他们的内心感受到温暖。

训曰：白素之物最为吉祥。佛经中以白为净 《大乘义章》七曰："善法鲜净，名之为白"。，故蒙古、西番 即"西蕃"。特指吐蕃，由古代藏族在青藏高原建立的政权 僧众供佛、见贵人，必进白绫手帕 应指哈达。为藏传佛教礼品。多为白色，形状如带 以为贽见 执持礼物以求见。贽 zhì，古代初次拜见尊长所送的礼物 之礼。且我朝一应喜庆筵宴，桌张亦必用素白布疋 pǐ。同"匹" 以为盖袱 指桌布，此正古人"绘事后素" 语出《论语•八佾》。大意是：先有白色底子，而后才可彩绘。比喻礼乐在仁义之后。后也用来比喻做事从简单开始，逐步深入。佾 yì 之义也。

训曰：白色素净的东西最为吉祥。佛经中以白色为洁净的象征，所以蒙古及西藏僧众供佛，或是见到贵客一定进献一条白绫手帕作为初次见面的礼物。并且，我们清朝一切应有的喜庆筵席，桌子上也一定要用素白的布匹当台布。这正是古人所说的"绘事后素"的意思呀。

生活中有一些寓意吉祥的东西，比如荷花有"和"的意思，花瓶象征"平"，荷花插在瓶子里则寄寓"和平"的愿望。康熙也喜爱这些物品，对于其中合乎礼仪的更是喜欢。他告诉子孙，也是希望他们也能遵循美好的传统。在现实生活中，我们也不妨去发现一些类似的物品，来给自己的生活增加一些情调。

训曰：我从小凡是遇到祭祀典礼一定要亲自参加，以表达我的敬重和诚意。现在因为年岁大了，对于各种祭祀典礼，自己不能亲自举行的，宁可派王公大臣恭恭敬敬地代我举行，也绝不马马虎虎举行以搪塞了事。现在派你们恭敬地代替我去，也要像我那样诚心诚意才好。

训曰：朕自幼凡祭祀典礼必亲行，以致其诚敬。今因年老，于诸祭祀典礼，身不能者，宁遣王公大臣恭代，断不苟且 敷衍了事，马虎 行之以塞责 对自己应负的责任敷衍了事。塞 sè 也。今遣尔等恭代，亦必如朕之诚敬可矣。

评 析

康熙对待祭祀非常认真，必定要亲力亲为。但是随着年事的增长，体力渐渐不支。这时，内心却更加不愿怠慢，一定要向神明宗祖表现出自己的诚意。因此，在不得已让大臣代替自己参加祭祀典礼时，康熙要求大臣们一定要诚心诚意，恭恭敬敬的。康熙的这种认真负责的态度很令人敬佩。

训曰：**明朝十三陵**十三座明朝皇帝的陵墓。在北京天寿山南麓，占地约40平方公里，朕往观数次，亦尝祭奠。今未去多年，尔等亦当往观祭奠。遣尔等去一二次，则地方官、看守人等皆知**敬谨**_{恭敬谨慎}。**世祖章皇帝**_{顺治皇帝。因其谥号为体天隆运定统建极英睿钦文显武大德弘功至仁纯孝章皇帝，故称章皇帝}初进北京，明朝诸陵，一毫未动，收**崇祯**_{明朝末代皇帝朱由检。年号崇祯}之尸，**特**_{特地}修陵园，以礼葬之，厥后亲往奠祭尽哀。至于诸陵，亦皆拜礼。观此，则我朝得天下之正，待前朝之厚，可谓超出往古矣。

训曰：明朝十三陵，我曾前去看过多次，也曾经祭奠过。现在多年没有去了，你们也应当前去查看、祭奠一下。派你们去一两次，那么地方官和看守人就都知道恭敬和谨慎了。当年世祖章皇帝初进北京时，对明朝各帝陵墓，一丝一毫都没动，收殓了崇祯的遗体，专门修建了陵园，按照皇帝之礼埋葬，之后又亲自前去奠祭以尽哀思。至于其他各陵也都行了礼。看到这些，就知道我大清是得天下的正统，对待前朝的仁厚，可以说是超越前古了。

评析

　　"前事不忘，后事之师"，康熙在训示中非常巧妙地把他对过往历史的思考传递给子孙，并且让子孙们清楚地知道作为后继者对前朝应该采取的态度和做法。通过叮嘱子孙们祭奠明十三陵一事，康熙旨在告诉子孙后代，得民心者得天下，厚待前朝是向天下百姓昭示大清的仁厚，表明清朝是得天下之正统。

训曰：凡人平日必当涵养此心。朕昔足痛之时，转身艰难。足欲稍动，必赖两傍侍御人那〔同"挪"，挪动〕移，少〔稍微〕著手即不胜其痛，虽至于如此，朕但〔只〕念自罹〔lí。遭受，遭遇〕之灾，与左右近侍谈笑自若，并无一毫躁性生忿，以至于苛责人也。二阿哥〔康熙次子胤礽〕在德州病时，朕一日视之，正值其含怒与近侍之人生忿〔生气〕。朕宽解之曰："我等为人上者罹疾，却有许多人扶持任使，心犹不足。如彼内监〔太监〕，或是穷人，一遇疾病，谁为任使？虽有气忿，向谁出耶？"彼时左右侍立之人，听朕斯言，无有不流

训曰：人在平日里一定要涵养自己的心性。我从前脚痛的时候，转身都很困难。脚稍微动一动，都要依靠身边侍奉的人挪移，手触碰一下就疼痛难忍。尽管痛到这种地步，我心里只想着这是自己遭受的灾难，和左右近侍仍然谈笑自若，并没有丝毫烦躁愤怒，以至于去苛责他人。二阿哥在德州生病时，有一天我去看望他，正碰上他含怒对近侍们发脾气，我就宽慰他说："我们这些居于上位的人得了病，却有许多人来扶持照顾我们，听任我们驱使，我们还不满足。假设那些太监或者穷人，一遇到生病时，又有谁听凭他们使唤呢？即便心中有气，又向谁发呢？"当时左右侍立的人听了我的话，没有不流泪的。

凡是这些方面，你们应当切记于心啊。

悌者。凡此等处，汝等宜切记于心。

古人讲"君子惩忿窒欲"，康熙作为一代帝王仍能够体谅下层士人之辛苦，可见他的修养至高。康熙告诫子孙们在平日里要学会涵养内心。即便是深受病痛，也不能将自己的病痛之气发泄到别人的身上。康熙在此由己及人，深刻体现了他的仁者之心。

训曰：人于平日养身，以**怯懦**_{qiè nuò。胆小怕事。此指小心谨慎}**机警**_{机智灵敏}为上。未寒凉即增衣服，所食物稍不宜即禁忌之，愈谨慎愈怯懦则大益于身，但观老大臣辈尽皆如此。朕每见伊等常以**机心**_{巧诈之心，机变之心。语出《庄子·天地》。庄子认为，人有机心就不能纯洁虚静}戏之，然机心第不可用之于他处，若各用之于养身，其有益无比也。

训曰：人平日里保养身体，以小心谨慎机智灵敏为上策。在天气还没有转寒时，就先增加衣服，所吃的东西稍有不宜就要禁忌而不吃，越谨慎小心，对身体越有好处。只看看那些老臣，他们全都如此。我每次见到他们常动小心思跟他们开玩笑，但是这等心计不能用在其他地方，如果各自用在养生方面，那好处是无可比拟的。

康熙在此指出养生的关键是需要谨慎。天气还未转凉就要增添衣服，所食之物稍有不宜就要禁止再吃。机心不可以用于他处，用于修养身心则没什么不可。要想达到修身养性的目的，必须学会谨慎行事。

一天，父皇指着书案上放着的一把荷兰国铁尺，训曰：这把铁尺既不弯曲，而且也没有铁锈的气味，你们了解它的来历吗？这是用荷兰国的刀琢磨而成的。把兵器改造后，置于书案之上，这也是停息兵事、修明文教的意思。从前西洋人安多看见这把铁尺，曾说："刀是一种兵器，人人见了都害怕。现在把它摆放在书案上，人人见了都喜欢想拿一拿，这也算是一件非常吉祥的事情吧。"这句话说得最为得理。

一日指案上所置贺阑国_{应指荷兰国}铁尺，训曰：此铁尺既不曲，且无铁锈气味，尔等其知此乎？乃琢贺阑国刀而为_{制作}之者。夫改兵器而设于书案，亦偃武修文_{停止武事，振兴文教。偃yǎn，停止；修，昌明，修明}之意也。曩者西洋人安多见之，曾谓刀者兵器，人人见而畏之，今设于书案，人人见而喜持焉，亦极吉祥之事。斯言最得理也。

评析

康熙看到一把由荷兰国刀琢磨而成的漂亮的尺子，他十分喜爱，认为有偃武修文的美好寓意。因此，他借这把尺子来教育子孙，要善于化干戈为玉帛。

训曰：中华城池地里^{区域、区划，}图样，虽载于直省^{直隶地区和各省。}志书，但取其大概，而地里之远近俱不得其准。朕以治历之法，按天上之度，以准地里之远近，故毫无差忒^{差错，误差。}。曾分道遣人，画山川城郭而量其形势^{地理状况，}，南至沔国^{或为缅甸。沔miǎn。}，北至俄罗斯，东至海滨，西至冈底斯^{冈底斯山。横贯西藏西南部，与喜马拉雅山脉平行。}，俱入度内，名为《皇舆全图》^{又叫《皇舆全览图》。是清康熙时绘制的全国地图。康熙四十七年至五十六年测绘，康熙五十八年图成。采用经纬图法，梯形投影，开中国近代地图之先河}。又命善于丹青^{丹和青是我国古代绘画常用的两种颜色。后借指绘画}者精心绘出，刊刻成图，颁赐尔等。观此图，方知我朝地舆^{大地。此指疆土。舆，地域}之广大。

训曰：中国的城池地理图样，虽然记载在各省的志书上，但只是取个大概情况，而地理距离的远近都不准确。我采用编制历法的方法，按照周天的度数，来核准确定地面距离的远近，所以毫无误差。我曾经派人分道考察山川城郭，测量它们的地理状况，南至沔国，北到俄罗斯，东到大海，西至冈底斯山，都在测量范围之内，取名为《皇舆全图》。又命擅长绘画的人精心绘制，印制成图颁赐给你们。观看了这张地图，才知道我们清朝的疆土是多么广大。老祖宗积累下这样的基业，怎么能够轻视它呢？既然已经知道了创业的艰辛，就应该思考守成的不易。我只有祷告上天，使天下百姓永久地享有这样的太平世界。

祖宗累积，岂可轻视耶？既知创业之维艰，应虑守成之不易。朕惟祝告上天，俾 bǐ。使 天下苍生，永乐此升平之世界耳。

评析

康熙在此告诫子孙们"创业维艰，守成之难"的道理。康熙命人测量地理，绘制山川全图，为的就是唤起子孙们的自豪感，同时，让他们感受打下万里河山创业持家不易。康熙给我们的启示在于，要理解父母创业持家不易，要努力拼搏，为维护自己的家业做出努力。

　　训曰：人生凡事固有定数 _{一定的气数，命定。} 然而其中以人力夺 _{胜过} 天工 _{天然形成的工巧} 者有之，如取火镜、指南针，一物之微 _{微小} ，能参造化 _{自然规律。} 至于推步 _{推算天象历法} 七政 _{古天文术语。指日、月和金、木、水、火、土五星} 之运行，寒暑之节候，日月之交蚀 _{日月亏蚀} ，皆时刻不爽 _{差错。} 又若春耕夏耘，乃致西成 _{秋天庄稼已熟，农事告成。语出《尚书·尧典》："平秩西成。"} 秋获，苟 _{如果} 徒 _{只是} 恃 _{shì。依靠} 天工，不尽人力，何以发造化 _{自然，上天} 之机、而时亮 _{辅佐} 天工乎？

　　训曰：人生所有的事固然有一定的运数，然而其中以人力胜过自然天成的也有，比如，取火镜和指南针，一件微小的器物，却能参验自然的造物化育之妙。至于推算天象历法，推算日月星辰的运行，寒暑的节候变化，日月交替亏蚀的时间，都一时一刻没有差错。又比如春耕夏耘，乃至秋天农事收成，如果只是依靠天地自然，不充分发挥人力的作用，又怎么能够发掘自然创造化育万物的机巧，时时辅助天工造物呢？

　　康熙认为世间之事大多都有定数。取火镜、指南针等物则是人类巧夺天工的结果。但是，如果只是依靠上天的造化而个人不做出努力，造化之机也不会出现。康熙劝诫子孙，在政治上要想做出成就必须努力进取；要想国泰民安，就不能仅靠上天的运气。

训曰：你们都是皇子、亲王、阿哥一类富贵的人，应当想着各自保重身体。凡是各种应当禁忌的地方一定要禁忌，凡是污秽之处一定记得不要去。比如，出外所经过的地方，如果遇到不吉祥不洁净的东西，就应遮掩躲避。古人说："富贵人家的孩子啊，不要坐在堂屋檐下（因为怕瓦掉下来砸伤）。"更何况你们这些身为皇子的人呢！

训曰：汝等皆系皇子王阿哥富贵之人，当思各自保重身体。诸凡宜忌之处，必当忌之，凡秽恶之处，勿得**身临**光临。譬如出外所经行之地，倘遇不祥不洁之物，即当遮掩躲避。古人云："千金之子，坐不垂堂。"

语出《史记·袁盎传》

况于尔等身为皇子者乎？

古人说："富贵人家的孩子，不要坐在屋檐下。"这是担心房瓦会意外坠落，伤害到孩子。康熙引用这句话来告诉子孙，要趋吉避凶，在外出时遇到不洁不祥的东西要及时躲避。康熙对子孙们的怜爱由此可见一斑，同时也能感受到康熙的家教之严。

训曰：为人上者，居处宫室虽贵洁净，然亦不可太过成癖pǐ。嗜好，癖好。尝见有人过于好洁，其所居之室，一日扫除数次，家下人著履者，皆不许入。衣服少有沾污，即弃而不用；亲属所馈饮食，俱不肯尝。此等人谓之犯"洁癖"，久之反为身累。盖其性情识见鄙隘已甚，实非正心修身之大道，特语尔等知之。

训曰：居于上位的人，居住的宫室虽然贵在清洁干净，但也不能太过以至爱洁成癖。我曾经见过有的人过于爱好洁净，他所居住的房间，一天要打扫好几次，家里下人穿着鞋子的都不许进去。衣服上稍稍有一点点污渍，就丢弃不再穿；亲属馈赠的食物，从不肯尝一尝。这种人就叫作犯洁癖，时间久了反而深受其累。这种人的性情见识浅陋狭隘得很，实在不是端正内心修身养性的正道，我特地告诉你们记住。

做任何事情都要有度，否则便是过犹不及。康熙告诫子孙们不可以有洁癖，犯有洁癖，反而为自己所累。若想修身，必须摒弃这些日常生活中的坏毛病。现在的社会飞速发展，人们的思想观念也超越前代。但是，在居室卫生上，有的人生活习惯已经达到了病态的程度，需要改正。

训曰：父母对于自己的儿女，谁不爱呢？但也不可过分娇生惯养。如果小孩子过于娇惯，非但饮食会失去节制，而且也不能够禁受寒暑侵袭。即长大成人，不是愚笨就是痴傻。我曾经见到王公大臣的子弟中常常有痴呆软弱的，这都是父母过于娇生惯养造成的。

训曰：父母之于儿女，谁不怜爱？然亦不可过于娇养。若小儿过于娇养，不但饮食之失节，抑且_{而且}不耐寒暑之相侵。即长大成人，非愚则痴。尝见王公大臣子弟中每有痴呆软弱者，皆其父母过于娇养之所致也。

评析

皇家子孙，将来是要继承大统，掌握国家命脉的人。康熙对他们的管教有时会过于严格，他希望子孙能够理解自己，也希望后辈能够理解他们的父亲。康熙这则训示告诉他的子女们，他的心中虽然想要疼爱他们，但是为了他们的长久发展考虑，不得不约束他们。作为子女的，看到这段训示，也要能够理解父母的良苦用心。

训曰：我朝旧制，多合^{符合}经书古典。满洲例^{指在关外时满洲的习俗}，带马必以右手，牵犬必以左手。《礼记》即然。如斯类者尽有。

训曰：我大清旧有的礼制，大多符合经书上记载的古代典制。满洲的惯例，带马必须用右手，牵狗必须用左手。《礼记》上的记载就是如此。像这样的例子很多。

评析

在古代社会，儒家文化的辐射范围十分广阔。清朝贵族受儒家文化的影响也很深，许多礼制也源自于《礼记》。譬如骑马时要用右手牵马，牵犬则要用左手。康熙告诫子孙凡事要遵循礼制，不可僭越古礼。

训曰：古人一年四季都出外打猎，如果这样，那么不仅人烦倦疲劳，而且禽兽也不能得以繁衍。我一年两次出行到猎场：春天水猎，是想让人们熟习行船摇桨；秋天出哨，是想让人们练习骑马射箭。像这样，人就不会疲乏，禽兽也能够繁殖生长。因此，我朝军队非常强健，所向无敌，这实际上是我使用和培养军队都遵循一定时节的结果。

训曰：古人一年四季出猎，若此，则人劳而禽兽亦不得遂其生。朕一年两季行幸（特指皇帝到某处去）：春日水猎（在水上打猎），欲人之习于舟楫也；秋日出哨（巡逻放哨。此指骑马打猎），欲人之习于弓马也。若此，则人不劳而禽兽亦得遂其生。是故我朝之兵甚强健，所向无敌者，实朕使之以时而养之以节之所致也。

评析

在冷兵器时代，打猎并非只是娱乐遣兴的活动。它可以作为训练兵卒的机会，也可以使深居宫苑的皇室子弟练习弓马骑射，强身健体。但是，田猎不能过度。过度了就会劳民伤财，劳心劳力。同时，还可能会破坏到禽兽的繁衍生息。如今，在开发资源的过程中，我们也要平衡好节制和持久的关系。

训曰：朕初次南巡阅河，各样船俱试坐之，皆不甚妥。厥后朕亲指示作黄船，尽善尽美，极其坚固，虽遇大风浪，坐此船毫无可虑也。朕于大小事务，必搜其本原，复咨_{商议，}询问_问于众，然后行之。

训曰：我初次南巡视察河流，各种船只都试着坐过，感觉都不太稳妥。此后我亲自指导制作了黄船，极其完美，船身很坚固，即使是遇上大风大浪，坐这种船也毫无顾虑。我对于大小事务，都一定探寻它的本源，再询问和征求众人的意见，然后施行。

评
析

康熙是一位多才能的明君，对于大小事务都会先搜罗它的本原所在，而后再与众人商议，最后再施行。比如，在坐船的问题上，康熙各样的船都坐过，都感觉不太稳妥，于是康熙指示制作黄船，黄船完美坚固，即使遇到大风大浪也不用担心。

训曰：黄淮两条大河关系到粮食运输民众生计，最为重要。所以我不惧劳苦，多次亲临巡视，考察地势的险阻与平坦，寻找疏导两河的适宜时间地点，事务轻重缓急的次序，都有成熟的规划。大修的工程，费用高达几百万，每年修筑河防的款项也多达几十万。康熙三十七年，黄河淮河同时涨水，河道总督董安国不组织加固堤堰，不疏通入海口，导致河床垫高，河水倒灌洪泽湖口，使湖水从六坝两旁泄出，由运河入下河，淹没了农田。于是罢免董安国而让于成龙代替他，我告诉于成龙治河的方略。康熙三十八年，我亲自前往视察，住

训曰：黄淮两河关系漕运_{利用水道}调运粮食民生，最为重要。故朕不惮_{dàn。畏惧，害怕}勤劳，屡_{多次}亲巡阅，察其险易之形势，审其疏导之机宜，缓急次第，具有成画_{确定的谋划}。大修工程，费以数百万计，岁修帑金_{钱币（多指国库所藏）。帑tǎng，古代指收藏钱财的府库}，亦以数十万计。乃康熙三十七年，黄淮并涨，总河_{河道总督。专管河道疏浚及堤防事务的最高长官}董安国_{生平不详}不坚筑堤堰，疏通海口，因而河身垫高，以致倒灌洪泽湖_{在江苏北部，为淮河所汇}口，湖水从六坝旁泄，由运河入下河，淹没民田。于是罢董安国而以于成龙_{字振甲，号如山。历任安徽按察使、直隶巡抚、河道总督}代之，授以治河方略。三十八年亲往阅视，驻跸清口

清河口。在今江苏淮阴西 河干河岸，面谕于成龙：清口宜筑挑水坝河防工程中用以分水势的堤坝，挑黄河使趋北岸，始免倒灌清口之患。而于成龙未获成功，继用张鹏翮字宽宇，又字运清。历任浙江巡按、江南江西总督、河道总督。翮 hé 为总河，又令大臣官员往高堰筑堤，坚闭六坝，使洪泽湖水畅出清口。仍谕张鹏翮，清口筑挑水坝尤为紧要。此坝不筑，则黄水泛滥的洪水顶冲或称"当冲顶溜"。工程用语。指河水涨势凶猛，水流直冲河岸堤防，断不能使向北岸，湖水必不得畅流。张鹏翮遵奉朕言，坝功筑成，黄流黄河水遂直趋陶庄，清水清泗水因以畅流。叠屡次经伏秋夏秋大涨，并无倒灌之事。又命浚 jùn。疏通，挖出水中的淤泥张福口等引河用于灌溉、分洪等而开

在清口河边，当面告诉于成龙：清口应当修筑挑水坝，以引导黄河水流向北岸，这样才能免除河水倒灌清口的灾患。但是于成龙没能获得成功，继而任用张鹏翮为河道总督，又命令大臣官员去高堰筑河堤，紧紧地闭塞六坝，使洪泽湖水顺畅地流出清口。又指示张鹏翮，在清口筑挑水坝尤其重要，因为挑水坝不修，泛滥的洪水直冲河岸堤防，必不能疏导它流向北岸，湖水必然无法顺畅流出。张鹏翮遵照我的话去做，筑坝成功，黄河水于是直接流向陶庄方向，清泗水因此得以畅流。后经几次夏秋的河水大涨，都没有发生黄河水倒灌洪泽湖之事。我又命令疏通张福口等处的引河，

修筑归仁堤，疏通人字河、芒稻河、泾河、涧河等河，开挖大通口，这些工程都一一宣告竣工。从前洪水泛涨，有的时候水与岸平，有的时候漫溢出堤岸四处流淌。现在黄河河道加深畅通，河岸距离水面几十丈，纵然遇上河水大涨，也不必担心和忧虑了。这都是由于我深感治河工程是国家大事，日夜萦怀，未曾有丝毫的松懈，并且选择任命合适的官员担任河道总督，倚重任用他们极为恳切，下属官员也完全听凭他选用，凡是治河工程的大小官员，全都勤勉尽力齐赴治河工程，共同协助河防事务才使治河成功。这些就是我治理黄河淮河的前后经过，特地告诉你们记住。

挖的河道，筑归仁堤，疏人字、芒稻、泾、涧等河，开大通口，皆一一告竣。曩时往时，以前黄水泛涨，或与岸平，或漫溢四出。今黄河深通，河岸距水面数十余丈，纵遇大涨，亦可无虞忧患。此皆由朕深念河工国家大事，夙夜朝夕。夙sù，早廑怀殷切挂念。廑qín，通"勤"，殷勤，未尝少释，且简命河臣，倚任甚切，所属官吏，俱听选用，凡在河工大小官员，并皆勉力赴工，共襄xiāng。成就，完成河务之所致也。此系朕治河始末，特语尔等识之。

评析

康熙在此向子孙们详述自己治理黄河始末，目的在传授他们治河的经验。黄、淮两河关系到漕运民生，治理两河的过程中，康熙都以疏浚河流为主要的治理策略。他先后起用了董安国、于成龙、张鹏翮等人。由开始失败到最后的成功，正体现了康熙的远见卓识。为了漕运民生、治国大计，康熙付出了很高的代价，最终得以海晏河清。

训曰：谈论治河的人，认为应该顺应河水东流入海的特性，不应阻塞它而与水势争胜。这只不过是讲治河的道理罢了。现在黄河决口在七里沟，与大海相距只有四十多里，如果听凭它顺流入海，既可不费人力，又可以永无河患，难道不是很便利吗？只是淮河以北二百里的运河水道也就成了干渠。这是关系国家大计的事情，所以不能不让黄河迁回流入淮河故道，这是由于时势与古时不同啊。

训曰：言治河者，谓宜顺其入海之性，不宜障塞以与之争。此但言其理耳。今河黄河决在七里沟，去海止四十余里，若听其顺流入海，既可不劳人功，亦且永无河患，岂不甚便？但淮淮河以北二百里之运道大运河航道遂成枯渠。国计所关，故不得不使其迁回而入淮河之故道，此由时势与古不同也。

评析

黄河、淮河一直是古代治河的关键所在，古人治理黄河时强调疏浚的方法。康熙对于治河经验丰富，他不刻守古训，还能够根据实际情况来调整策略。这种灵活变通的精神值得后世之人学习效仿。

训曰：尔等荷^{承受}蒙朕恩，作王、贝勒、贝子^{爵位名。清太宗皇太极崇德元年（1636年），定宗室封爵和硕亲王、多罗郡王、多罗贝勒、固山贝子等九等}，各自分家异居矣，但当谨遵国法，守尔等本分度日可也。尔等王职惟朝会大典，除此，凡外边诸事不可干预。朕若命以事务，当视朕之所命，尽心竭意，方不负朕之所用而贻人讥笑也。

训曰：你们承受我的恩典，做了王、贝勒、贝子，各自分家独居了，但你们要谨守国法，安守着你们各自的本分过日子就行了。你们有王的职衔，仅限于朝会大典上使用，除此以外，凡是外边的事务都不得干预。我如果命令你们承担什么事务，就要遵照我的任命，尽心竭力去做，这样才不辜负我对你们的任用，才不会授人以笑柄。

评析

康熙皇子众多，因此，在权力的制约上自然也非常严谨。他让众皇子分家异居，谨遵国法。除非朝会大典，不可以干预任何宫廷政务。若是受到皇帝的差遣，做事应尽心尽力。康熙齐家的本领让人叹为观止，一定程度上避免了前朝皇子们因为争夺皇权而出现自相残杀的局面。

　　训曰：人们保养身体，最重要的是衣食。古人说："日常生活要谨慎，饮食要节制。"然而衣服对于人来说最为重要。比如，说我冬天时宁肯把衣服穿得厚一些也不用火炉。之所以这样做，是因为人一在火边，衣服必然穿得少，若此时出外行走，必定会受寒。与其受了寒再来加衣服，哪里比得上未感觉到冷之前先加上衣服呢？

　　训曰：凡人养身，重在衣食。古人云"慎起居，节饮食"，然而衣服之系于人者亦为最要。如朕冬月衣服宁过于厚却不用火炉。所以然者，盖为近火则衣必薄，出外行走，必致感寒。与其感寒而加服，何如未寒而先进衣乎？

何如 用反问的语气
表胜过或不如

评
析

　　康熙认为，大凡注重养生的人都会注意自己平日的衣食。古人所说的按时起床，节制饮食就是这个道理。然而，衣服的穿戴则是最为重要的一件事。康熙在冬天宁愿多穿些棉衣也不会用火炉取暖。因为用火炉取暖的人势必会脱掉厚棉衣，外出行走时势必又会染上风寒。与其感到寒冷而加衣服，不如在未生病之前就多穿点衣服。这些日常生活的道理，也是我们要注意的。

训曰：朕出猎在外，虽遇极寒时，不下帽檐，面庞、耳轮一次未冻。然而寻常在家，衣必厚实。盖出猎在外，必预防寒冷。若寻常居家，偶尔出行，忽感寒气者有之，宜常防范。

训曰：我出外打猎，即使是遇到严寒天气也不放下帽檐，面庞、耳轮一次都未冻伤过。然而平常在家，衣服一定要穿得厚实。至于出外打猎，必须要做好防寒准备。如果平常家居，偶尔外出，忽然感受到寒气的情况是有的，所以应当常常加以防范。

康熙在训示中说，自己在外打猎时遇到极寒的天气也不会放下帽檐，遮住耳轮、面庞。如果是在家，则会穿得很厚实。因为在外活动时产生热量足够御寒，在家活动较少，反而容易感受风寒。这些防寒保暖的常识，也是我们日常生活中需要记住的。

训曰：过去一度风行吹筒，吹的人很多，我也曾试着吹过，没有什么实用价值，还很伤人气，最近都没有人用了。与其去使用一些没有益处的东西，还不如闲暇时练习骑马射箭，不是也很好吗？

训曰：曩者一时作兴 兴起 吹筒 一种猎具，吹者甚多，朕亦尝试之，不济 补益，帮助 于用，且甚伤人气，近来皆不用矣。与其用无益之物，何若暇时熟习弓马，不亦善乎？

康熙认为不必因追求时尚，将时间耗费在自己不擅长且无益的事物上，如果有空余时间就应该花在有利于增长才干的技艺中，比如，熟习弓箭和骑马。这则庭训告诫我们，无论时代怎样变迁，本分务实终究是做人做事的根本。

训曰：朕用膳后，必谈好事，或寓目_{过目，观看}于所作珍玩器皿。如是，则饮食易消，于身大有益也。

训曰：我吃过饭后一定谈论些开心的事情，或者赏玩自己制作的珍玩器具。这样，吃下的食物容易消化，对身体大有好处。

评析

康熙在这里又谈到了一则养生方法。饭后，人体要开始消化吸收食物。在这时，要谈论一些愉快的事情，或者欣赏一些娱目的东西，总之要保持一个愉悦的心情。这样做有利于身体健康。他对子孙们的叮嘱更多地体现了他作为长辈，从心底里自然流淌的呵护之情。

训曰：子平、六壬、奇门等术数之学，都是后人按照五行相生相克之说互相推演而成的，其选取的意思虽然极为精巧，但它们的神煞名号却都是人所规定的。用正理来推测，实在难以相信。世人学习了哪种学问技艺就偏爱哪种学问技艺，认为它非常深奥，并以此向世人炫耀。我在闲暇时也曾用心研究过这类杂学，考察它的根源，全都透彻了解，知道它是不准确的，又怎么能比得上古代圣贤所传下来的常理正道呢？

训曰：子平 子平术。源于宋代徐子平撰《珞琭子赋注》，故称。是根据人的生辰八字，配对干支，推算人一生运程的方法、六壬 运用阴阳五行进行占卜凶吉的方法、奇门 古代术数名。其术以天干中的乙、丙、丁为"三奇"，又以八卦的变相"休、生、伤、杜、景、死、惊、开"为"八门"，故称 等学，俱系后世人按五行生克 指阴阳家所主修的五行（水、火、木、金、土）相生相克的学说。相生指一物对另一物的产生和促进；相克指一物对另一物的抑制或否定 互相敷演 陈说并加以演绎。敷fū 而成，其取义也虽极巧极精，然其神煞 吉神凶煞 名号，尽是人之所定，揆 kuí。揣测，度量 之正理，实难信也。世人习某件即偏于某件，以为甚深且奥，以夸耀于人。朕于暇时亦曾究心此等杂学，以考其根源，一一洞彻，知其不能确准，又焉能及古圣所传之大道耶？

评析

康熙认为像子平、六壬等杂学炫人耳目，有时也有装腔作势之嫌。康熙熟读经典，也涉足杂学，他对杂学持怀疑态度，认为它们的源流还是在经书中。只要熟悉了古代圣贤的典籍，杂学是无关痛痒的。今天，我们处在信息爆炸的时代，专业分工越来越细，我们在接受新知识时可以借鉴康熙的去取意识。

训曰：《河图》顺向运转事物便互相促进生成，《洛书》逆向运转事物便相互抑制排斥。互相促进生成构成了事物存在的状态，相互抑制排斥扩充了事物应有的作用。《尚书·大禹谟》中有"水、火、金、木、土、谷六种事情，只需修治"的说法，以五行相克为顺序，由此可见相互排斥是五行的作用所在。如今的术数家或者根据相互抑制排斥的原理来测定升官发财的运势，或者根据相互抑制排斥的原理来推测发生作用，也是这个道理啊。

训曰：《河图》中国古代流传下来的关于阴阳五行术数的图案。图中排列成数阵的黑点和白点，蕴藏着无穷的奥秘顺转而相生，《洛书》中国古代流传下来的关于阴阳五行术数的图案。图中纵、横、斜三条线上的三个数字，十分奇妙逆转而相克。盖生者所以成其体，而克者所以弘其用。《大禹谟》《尚书·大禹谟》"水、火、金、木、土、谷，惟修"，以五行相克为次第，可见相克是五行作用处。今术数家或以相克取财官，或以相克取发用，亦此理也。

评析

这则训示在于揭示五行相生相克的规律。康熙精通易学，他告诉子孙们，相生是事物间的相互促进生成，相克是事物间的相互抑制排斥。世上万物皆由木火土金水五种基本要素，在循环生克变化中构成，其中互相促进生成形成了事物存在的样式，相互抑制排斥扩充了事物应有的作用，卦爻和推测运势都是根据五行相克的原理。

训曰：人之一生，虽云命定，然而命由心造，福自己求。如子平、五星_{古代星命术士以五星的位置来推算人的禄命}，推人妻财子禄及流年_{又称卜运。星命学家认为，人每年行一运，主一年吉凶，随年流转，故称}月建_{指旧历每月所建之辰。古人将十二地支和十二个月份相配，用以纪月。通常以冬至所在的十一月配子称建子之月，依次类推，如此周而复始}，日后试之多有不验。盖因人事_{指人的主观努力}未尽，天道_{天意}难知。譬如推命_{按人出生时的星宿位置、运行情况，或按人的生辰八字，推算人的命运}者言当显达，则自谓必得功名_{科举时代称科第为功名}，而诗书不必诵读乎？言当富饶，则自谓坐致丰亨，而经营不必谋计乎？至谓一生无祸，则竟放心行险，恃以无恐乎？谓终身少病，则遂恣意荒淫，可保无虞乎？是皆徒听禄命_{命运}，反令人堕志失

训曰：人的一生虽说由命运决定，但是命运却是由人心所创造，福也是靠自己求取的。例如，给人算命的子平、五星之类的星命之学，推算人何时娶妻、发财、生子、为官，以及年月的运势，日后验证，多有不灵验的。这大概是因为人的努力没有尽到，而天意又难以捉摸。比如，算命的人说某人当有高官显禄，他就自以为必得功名，连诗书也不用去读了吗？说某人当富有钱财，他就自认为坐在家里便可以财源丰盛，连谋划生计的事情也不用做了吗？甚至说某人一生平安无祸，他就可以放心大胆地去做冒险的事，有恃无恐吗？说某人终生健康绝少病患，他就可以任意荒淫，可保无事吗？这些都是只听凭命定，反而让人失了斗志，荒废了本

业，不修身养性不自我省察，愚昧而不明道理，没有比这更严重的了！在我看来，一个人如果每天做善事，即使命运凶舛也必逢凶化吉；如果每天干坏事，即使命运吉祥也必化吉为凶。所以说，这个"命"字，孔子是很少讲的。

业，不加修省修身自省，愚昧不明，莫此为甚！以朕之见，人若日行善事，命运虽凶而可必其转吉；日行恶事，命运纵吉而可必其反凶。是故命之一字，孔子罕少有言之也。

评析

古代社会，科技还没有发展到一定的程度，许多人迷信星象占卜之术。一些帝王公侯还沉迷于炼丹长生的妄想之中，无法自拔。康熙用辩证的方法来分析推命一事，鞭辟入里地论证了算命的矛盾之处。他认为孔子很少谈命运，正是看透了命运之说的不合理。康熙积极的人生态度和理性睿智的思考方式都很值得我们学习。

训曰：《易》《易经·大畜》云："天在山中，大畜。君子以多识前言往行，以畜积蓄其德。"夫多识前言往行，要在读书。天人之蕴奥yùn ào。精深的含义在《易》，帝王之政事在《书》，性情之理在《诗》，节文礼仪，礼节之详在《礼》，圣人之褒贬在《春秋》。至于传记、子史，皆所以羽翼辅佐，辅助圣经，记载往迹。展卷诵读，则日闻所未闻，智识精明，涵养深厚，故谓之畜德，非徒博闻强记、夸多斗靡写文章以篇幅多、辞藻华丽夸耀争胜。夸，夸耀；斗，竞争；靡，奢华已也。学者各随分量所及，审其先后而致功焉。其芜秽不

训曰：《周易》上说："天在山中，就是《大畜》卦。君子据此多多学习前代贤人的嘉言善行，以此来修养积蓄自己的德行。"更多地了解先贤的嘉言善行，关键在于读书。天人关系的精深含义蕴含在《周易》中，前代帝王的政事记载在《尚书》里，人的性情之理反映在《诗经》里，制订礼仪的规定记载在《礼记》里，圣人对世事的褒贬记载在《春秋》里。至于传记、子、史之类的书籍都是为了辅助圣人的经典，记载了先贤的事迹。打开这些书诵读，每天都能获知过去不曾听说的知识，使你智慧见识精明，道德涵养深厚，所以称之为"蓄积德行"，并非只是为了博闻强记借以夸耀学识和才华。读书为学之人要分别根据自己能够完成的分量，仔细分析学习的先后次序，

以获得读书的最佳功效。那些杂乱荒诞的书，浅薄粗陋的文章，不但无益反而有害，不要去看，以免贻误了自己的聪明才智。

经^{杂乱而又不合常规}之书，浅陋之文，非徒无益，而反有损，勿令入目，以误聪明可也。

评 析 　康熙在此告诫子孙们读书要读《诗》《书》《礼》《易》《春秋》等儒家经典，而不要读浅陋、污秽之书。因为这些书不仅不会带来益处，反而对自己有害。治理国家就应该学习儒家经典，否则只能是贻误自己的聪慧才华。康熙对子孙的训诫是治国理家的一项重要任务，虽然完全推崇儒家经典带有盲目性，但是儒家的治国平天下之理本身即具备合理因素。

训曰：圣贤之书，所载皆天地古今万事万物之理。能因书以知理，则理有实用。由一理之微，可以包六合_{天地四方}之大；由一日之近，可以尽千古之远。世之读书者，生乎百世之后而欲知百世之前；处乎一室之间而欲悉天下之理，非书曷_{hé。何，怎么}以致之？书之在天下，五经而下，若传若史，诸子百家，上而天，下而地，中而人与物固无一事之不具，亦无一理之不该_{包括，包容}。学者诚即事而求之，则可以通三才而兼备乎万事万物之理矣。虽然书不贵多而贵精，学必由博而致约_{简要}，果能精而约

训曰：古代圣贤的书，所记载的都是天地间古往今来万事万物的大道理。如果能凭借读书明白这些道理，那么，这些道理就有了实用价值。由一个道理的细微之处，可以总括天地四方的广大；由近在眼前的一天，可以尽知千古以前遥远的事情。世上的读书人，虽生在百世之后，却想了解百世之前的事情；坐于斗室之中，却想洞察天下的道理，不靠读书怎么能够做到呢？天下的书籍，五经以后，如传、史、诸子百家，上至天，下至地，中间的人和事，没有一件事在书中不详尽，没有一个道理在书中不包含。读书为学之人真能凡事向书本寻求答案，那就可以通晓天、地、人，同时掌握万事万物的道理。尽管如此，读书还是不重在读得多而重在读得精，学习也必须从广博

达到简约，如果真正达到精深而又简约，用以贯通它们的多和博，那么融合其大就可以穷尽一切，汇聚所有的学问以备有用之需。圣贤的道理难道有在此之外的吗？

之，以贯其多与博，合_{聚集，综合}其大而极于无余，会_{会聚，融会}其全而备于有用。圣贤之道岂外是哉？

这段话还是在谈论圣贤之书的重要性。康熙反复强调，经书之中，包罗万象，可以通过读经书来通晓古今大道。同时，他指出一种读书方法，要博学而约取，融会贯通。如果熟悉掌握了儒家经典的内容，身体力行，学以致用，那么离圣贤之道也就不远了。

训曰：朕自幼好看书。今虽年高，万几_{也作万机。指帝王日常事务纷繁}之暇，犹手不释卷。诚以天下事繁，日有万机，为君者一身处九重_{喻帝王居住的地方，即皇宫。宋玉《九辩》："君之门兮九重。"}之内，所知岂能尽乎。时常看书，知古人事，庶可以寡_少过_{犯错}。故朕理天下事五十余年无甚差忒_{差错。忒tè，差误}者，亦看书之益也。

训曰：我自幼喜爱读书，现在虽然年纪大了，处理政务外的闲暇时间仍然手不释卷。实在是因为天下事务繁杂，一天当中有若干事情要处理，为人君者身处深宫之内，所知之事怎能完全呢。时常看看书，通过了解古人的事情，或许可以少犯一些错误。因此，我治理天下五十多年没有什么差错，也是看书带来的好处。

评析

古人云："一息尚存要读书。"读书贵在持之以恒，不可三心二意。康熙日理万机，仍然不荒废读书，每每在闲暇的时候，总是手不释卷。他认为身处宫中，不可能尽知天下之事，因此读书有助于了解前人的处事之道，还可以帮助自己减少过错。

训曰：作为人最要紧的是努力践行善道。如果能竭尽所能处理君臣、父子、兄弟、夫妻、朋友这五种伦常关系，并且全心全意真诚地做善事，那么上天一定会眷顾你、护佑你，用吉祥来回报你；若只是口头上说行善，内心却怀着奸邪，这样决不被上天保佑。因此，古代圣人只想要人们停留在至善的境界上。

训曰：凡人最要者惟力行善道。能尽五伦^{指君臣、父子、兄弟、夫妇、朋友五种伦理关系。}而一心笃^{笃诚，真诚}于行善，则天必眷佑^{眷顾，保佑}，报之以祥；若徒口言善，而心存奸邪，决不为天所佑。是以古圣人惟欲人之止于至善^{语出《礼记·大学》："大学之道，在明明德，在亲民，在止于至善。"止，达到；至，最，极}也。

康熙训诫子孙，行善要体现在实际行动中。如果心口不一，就不会得到上天的眷顾。现在社会做慈善的人，以自己的行动诠释善行，但也有些人以慈善为名做违法之事，不得不引起大众的注意。

训曰：好疑惑人非好事。我疑彼，彼之疑心益增。前者丹济拉^{噶尔丹手下重臣}来降之时，众皆谏朕宜防备之，朕心以为丹济拉既已来降，即我之臣，何必疑焉？初至之日，即以朕之衣冠赐之，使进朕帐幄内近坐，赐食，傍无一人，与伊刀切肉食。彼时丹济拉因朕之诚心相待，感激涕零，终身奋勉尽力。又先时台湾贼叛^{指台湾郑克塽请求清朝廷按照琉球、高丽等外国例，同意他称臣进贡，不依清例剃发，仍着旧服。皇帝下诏不准}，朕欲遣施琅^{字尊侯，号琢公。明末清初军事家。初为南明郑芝龙部下，后降清。因统一台湾有功，封靖海侯}，举朝大臣以为不可，遣去必叛。彼时朕召施琅至，面谕曰："举国人俱云汝至台湾必叛，朕意汝若

训曰：好怀疑人不是好事。我怀疑他，他的疑心会更重。当初丹济拉来投降时，大臣们都劝我要小心提防他，我心里认为丹济拉既然已经归降，那么他就是我的臣子，我何必要怀疑他呢？丹济拉刚来的那天，我就拿出我的衣服和帽子赐给他，让他进帐并坐在我身边，我赐给他食物，旁边没有一个人，给他刀让他切肉吃。当时，丹济拉因为我以诚相待，感动得痛哭流涕，此后终生勤勉尽力。又比如，早些时候台湾叛乱，我打算派施琅去平定，满朝大臣都认为不可，说施琅去了一定会反叛。当时我召见施琅，当面对他说："全国的人都说你到了台湾一定会反叛，我想你如果不去

台湾，绝对不能就此判定你不会叛乱。"我力保施琅，最后到底还是派他去了，没多久台湾的叛乱就平定了。这难道不是不要随便地怀疑人的验证吗？凡事开诚布公为好，设防、猜疑没有任何用处。

不去台湾，断不能定汝之不叛。"朕力保之，卒遣之，不日而台湾果定。此非不疑人之验乎？凡事开诚布公为善，防疑无用也。

评析　　康熙举了两个例子来说明疑人不用，用人不疑的道理。总是怀疑别人，也会让别人产生戒心，给彼此带来不快。因此，不如坦诚相待，开诚布公，以宽广的胸怀打动对方，这样做才能够赢得别人长久的爱戴。

训曰：年高之人，理当厚待怜恤之。且其年皆与我先辈年等，怜之敬之，则福寿亦增耳。

训曰：对老年人，应当厚待他们，怜爱他们，抚恤他们。况且他们的年龄大多和我的先辈年龄相同，怜恤他们，敬重他们，就会使我增福增寿。

评析

千百年来，"老吾老以及人之老"一直被奉为至理名言，尊老是中华民族的传统美德。康熙教导子孙，要厚待怜恤老年人，对他们也要有尊重之心，这样也会给自己增加福寿。对待老者，我们要怀有一颗感恩的心，我们能有如今安逸稳定的生活与他们的奉献是分不开的。

训曰：我自幼登上皇位，平生最忌杀戮。多年以来，只希望人们善而又善。从我即位到现在，公卿大臣们保全性命的不计其数。就如幼年时打猎，只把多射杀禽兽视为有本事。现在渐渐老了，狩猎时被围住的野兽中有没了气力的尚且不忍心射杀。从这一点来看，圣人说的"我想要做到仁，仁就来了"这句话，的确是至理名言啊。

训曰：朕自幼登极，生性最忌杀戮。历年以来，惟欲人善而又善。即位至今，公卿大臣保全者不记其数。即如幼年间于田猎_{狩猎}之时，但以多戮禽兽为能。今渐渐年老，围中所圈乏力之兽尚不忍于射杀。观此，则圣人所言"我欲仁，斯仁至矣"_{语出《论语·述而》："子曰：'仁，远乎哉？我欲仁，斯仁至矣。'"}之语，诚至言也。

评析

康熙是一位仁厚的君主，他对待明朝遗老就比较宽容，没有赶尽杀绝。他的继任者们将来要掌握国家的生杀大权，康熙以身作则，劝诫子孙们要宽厚仁爱。我们普通人无法决定别人的生死，但仍然能够左右一些禽兽的命运。因而，在处置动物时，也要怀有一颗悲悯之心。康熙认为这也是为仁的一小步。

训曰：饮食之制，义取诸鼎，圣人颐养_{保养。指养生}之道也。是故古者大烹_{pēng。煮}，为祭祀则用之，为宾客则用之，为养老则用之，岂以恣_{放纵}口腹为哉！《礼·王制》曰："诸侯无故不杀牛，大夫无故不杀羊，士无故不杀犬豕_{狗猪。豕shǐ，猪}，庶人无故不食珍。"《论语》_{《论语·述而》}曰："子钓而不纲_{指代渔网}，弋_{yì。用带绳子的箭射鸟}不射宿。"古之圣贤其于牺牲_{供祭祀用的纯色全体牲畜}禽鱼之类，取之也以时，用之也以节。是故朕之万寿_{皇帝的生日}与夫年节，有备宴恭进者，即谕令少杀牲。正以天地好生，万物各具性情而乐其天，人不得以

训曰：饮食制度，其含义取自诸鼎铭文，这是圣人保养修身的法则。因此，古时隆重的烹制，是为了举行祭祀用的，是为了宴请宾客用的，是为了奉养老人用的，根本不是为了放纵自己、满足口福之享！《礼记·王制》上说："诸侯无故不得杀牛，大夫无故不得杀羊，士人无故不得杀猪狗，平民百姓无故不得食佳肴。"《论语》上也说："孔子垂钓而不用网捕鱼，用箭射鸟而不射归宿的鸟。"古代圣贤获取用作祭礼的牛羊禽鱼等一定根据时令，享用它们也有一定的节制。因此，在我寿诞和逢年过节，有要准备宴席进贡的，我就立即下令，让他们少杀牲畜。正是因为天地爱惜生灵，万物各自具备不同的性情而乐于自然自由地生活，人们不

应该为满足口腹之欲而肆意烹饪它们。

口腹之甘而肆情_{犹纵欲}炮^{bāo。一种烹}_{调方法。在旺}火上、急炒、脍^{kuài。把鱼、}_{肉切成薄片}也。

评
析

为了维持生命，我们有时不得已要杀害其他动物，但是这并不意味着它们理所应当被屠宰。孔子说："捕鱼的时候最好是垂钓而不是下网，射鸟的时候不要射归宿的鸟儿。"他的言语之中带着深沉的哀恸之情。康熙也认为，天道乐善好生，万万不可为了满足唇舌的私欲而肆意屠杀禽鸟走兽。

　　训曰：字乃天地间之至宝。大而传古圣欲传之心法^(本为佛教用语,宋代理学家借指儒家传心养性的方法)，小而记人心难记之琐事；能令古今人隔千百年觌面^(见面,当面。觌dí,相见)共语，能使天下士隔千万里携手谈心；成人功名，佐^(辅助)人事业，开人识见，为人凭据；不思而得，不言而喻。岂非天地间之至宝与？以天地间之至宝而不惜之，糊窗粘壁，裹物衬衣，甚至委弃沟渠，不知禁戒，岂不可叹？故凡读书者一见字纸，必当收而归于箧笥^(qiè sì。藏物的竹器)，异日投诸水火，使人不得作践^(糟蹋)可也。尔等切记。

　　训曰：文字是天地间最宝贵的东西。其作用大到传承古代圣贤要传授的修身养性的心法，小到记录人们难以记住的琐碎小事；能让千百年前的古人和今人面对面地说话，能使天下的读书人相隔千万里握手谈心；成就人的功名，辅佐人的事业，开启人的识见，为人们做凭证；不用思考就能有所得，不需说就能让人明白。难道它不是天地间最宝贵的东西吗？拿着这天地间最宝贵的东西却不懂得珍惜，用它糊窗户、粘墙壁，包东西、衬衣服，甚至扔在沟渠里，不知道这些行为应该禁止，难道不该为之叹息吗？因此，凡是读书人，只要看到带字的纸，一定要收起来放在箱箧里，改天烧掉或投到水中，使人不能糟蹋才好。你们一定要记住啊。

评析

《红楼梦》中有黛玉葬花，是因为黛玉爱花心切，不忍花片陷入污水沟渠之中，要让花朵"质本洁来还洁去"。康熙认为，文字是十分圣洁的东西，不能随意糟蹋。对于读书人来说，更要把文字当作至宝，把它们看作是像声誉一样重要的东西。宁可投诸水火之中，也不能玷污。

　　训曰：孟子云："为政者每人而悦之，日亦不足矣。"是言也，诚得为政之要道。即如近河居民，地势洼下，阴雨稍多即觉水涝；近山居民，地势高阜（fù。高大，大），数日不雨，即觉亢旱（大旱。亢kàng，非常）。天道尚然，何况人事？故为政者应持大体，府事允治，自然万世永赖久安（典出《尚书·大禹谟》："帝曰：俞！地平天成，六府三事允治，万世永赖，时乃功。"六府，指水、火、金、土、木、谷；三事，指正德、利用、厚生三方面。泛指一切政事；允，语助词。）长治之道，未有以政徇（xùn。顺从，曲从）人者也。孟子此言深切政体（政治的要领），特语尔等知之。

　　训曰：孟子说："为政者要取悦于每一个人，时间也不够用了。"他的话，的确是说中了为政的关键。就像靠近河边的居民，因为地势低洼，雨稍微下得多一点，就觉得涝；依山而居的人，由于地势偏高，几天不下雨，就会觉得过于干旱。天意尚且不能使所有人满意，何况人事呢？所以执政者应该把握大局，政事处理好了，自然万世赖以安定。长治久安之道，没有拿政令来曲从人的。孟子的话，深刻切合政治的要领，特地告诉你们知道。

康熙在此则训示中阐述他
的为政理念。他以临河居住和近
山居住的人做例子说明，近河居
民在雨天因为地势低洼，稍微有
雨就会觉得水涝，近山居住的
人，数天不下雨就会觉得亢旱。
因此，为政之人应该懂得这一道
理，所实行的政策措施不能保全
所有人，也不可能让所有人都满
意，但一定要顾全大局。

原

文

训曰：兹者一两年间春夏之交稍旱，外边无知之人即妄言，以为大旱。朕少时曾经正月至于六月不雨，朕于交泰殿 宫殿名。位于乾清宫和坤宁宫之间。建于明代。殿名取自《易经》，含"天地交合，康泰美满"之意。是皇帝和后妃们起居生活的地方 前圈席墙，在内三昼夜虔祷，虽盐酱小菜一毫不食。步至天坛祈雨，去时天尚晴明，礼毕将回，即降细雨，及出坛门，则大雨倾盆，田亩尽濡泽 沾润。濡 rú，沾湿，润泽 矣。今年未至若彼之旱，且朕年高不能如彼时之斋戒 举行祭祀前戒酒、肉、房事，沐浴更衣，以清心洁身 步祷。身诚不能，乌用 何用，哪用 欺众为哉？此亦朕生性不务虚饰之一端也。

导

读

训曰：这一两年春夏之交稍微有些旱情，外边无知的人就开始胡言乱语，认为是大旱了。我小时候曾经经历过从正月一直到六月不下雨的旱情，我在交泰殿前圈席子做围墙，在里边虔诚地祷告了三天三夜，即使是盐酱小菜，也不吃一点。然后步行到天坛去求雨，去的时候还天气晴朗，祭天求雨的仪式举行完将要回去时就下了小雨，等到走出天坛门就已大雨倾盆，农田全都润泽了。今年还没有达到当年大旱的程度，而且我年纪大了，不能像当年那样持斋步行去祈雨。我自己确实无法做到，又何必欺骗大家呢？这也是我生性不追求虚假掩饰的一个方面。

大旱祈雨属封建迷信，但康熙为国家社稷、黎民苍生的虔诚之心，实令后世感佩。他年事已高，不能亲自斋戒祈雨，也毫不隐讳，不欺骗大家，体现了他不虚假掩饰，实事求是的态度。

训曰：昔日太皇太后圣躬不豫，朕侍汤药三十五昼夜，衣不解带，目不交睫，竭力尽心。惟恐圣祖母有所欲用而不能备，故凡坐卧所须以及饮食肴馔，无不备具。如糜粥之类，备有三十余品。其时圣祖母病势渐增，实不思食，有时故意索未备之品，不意随所欲用，一呼即至。圣祖母拊朕之背，垂泣赞叹曰："因我老病，汝日夜焦劳〔焦虑烦劳〕，竭尽心思，诸凡服用以及饮食之类，无所不备。我实不思食，适所欲用不过借此支吾〔用含混的话搪塞、应付〕，安慰汝心，谁知汝皆先令备在彼。如此竭诚

训曰：当年太皇太后身体不适，我侍奉汤药三十五个日夜，衣不解带，目不交睫，竭力尽心。唯恐皇祖母有想要的东西没有准备，所以凡是坐卧所需要的东西以及饮食之类，没有不准备好的。如稀稠的各种粥，就准备有三十多种。当时皇祖母病势逐渐加重，实在不想吃东西，有时故意要没有准备的东西，没想到随她心中想要用的，一说就拿来了。皇祖母抚摸着我的背，流泪赞叹："因为我年老生病，你日夜为我焦虑烦劳，费尽了心思，凡是我穿的用的以及饮食等，没有不准备好的。我实在不想吃什么东西，刚才说想要的东西，不过是借此应付应付，安慰一下你的心，谁知你都先让人准备在那里了。如此

竭诚体贴，真挚恳切到了极点，孝也到了极点。只愿天下后世，人人都效法皇帝这样的大孝就好了。"

体贴，肫肫^{zhūn zhūn.}恳至，孝之
至也。惟愿天下后世，人人法
皇帝如此大孝可也。"

评
析

康熙在此告诫子孙和后世之人要孝顺自己的亲人，竭尽自己所能侍奉亲人。并且要待人以诚，发自内心地去孝敬老人。唯愿当今之人也能以康熙为榜样，敬重亲人，侍奉亲人，且能老吾老以及人之老。

训曰：人于凡事能顺理之自然，则于身有益。朕今年高，齿落殆半，诸凡食物虽不能嚼，然朕心所欲食者，则必烹烂或作醢酱（肉酱。醢hǎi，用肉、鱼等制成的酱）以为下饭，并无一念自怨衰老。有自幼随朕近侍，时常以齿落身衰不得食美味、行走之处不能及人为恨（遗憾，怨恨），每向人前诉苦，此皆由于见理未明，不能顺其自然之故也。朕鉴夫此，惟宽坦从容（形容心胸宽大平易而不焦躁），以自颐养（保养，休养）而已。

训曰：人对所有的事能顺自然之理，就会对身体有好处。我现在年事已高，牙齿脱落差不多一半了，各种食物虽然嚼不动，但我心里所想吃的东西，一定得把它煮烂，或者做成肉酱来下饭，从来没有一丝怨恨自己衰老的念头。有从小跟随我的近侍，时常因为自己牙齿脱落身体衰老不能吃各种美味、行走赶不上别人而怨恨，常常向人诉苦。这都是由于不明道理，不懂得顺其自然的缘故。我有鉴于此，只管把心放宽，保持从容淡定，以此来颐养天年。

评
析

康熙是一个懂得顺其自然道理的人，因此他的生活态度是积极向上的。虽然年事已高，牙齿也已经脱落了大半，但是心中没有一丝怨恨。相对于康熙，自幼随侍他的人则感到遗憾。可见，顺其自然对于人生态度的影响。康熙告诫子孙们万事要顺其自然，不要刻意强求。只有这样，才能够活得更为坦然。

训曰：吾人年岁老而经事多，则自轻易不为人所诱。每见道士自夸修养得法，大言不惭，但多试几年，究竟如常人齿落须白，渐至老惫_{年老体衰}。观此，凡世上之术士_{以占卜星相为业的人}，俱欺诳_{欺骗迷惑。诳 kuáng，欺骗，瞒哄}人而已矣，神仙岂降临尘世哉？又有一等术士，立地数十年或坐小屋几载。然能久坐者不能久立，能久立者不能久坐，可知其所以能此，乃邪魅_{邪怪不正}之术耳。此皆朕历试之而知其妄_{荒诞}者也。

训曰：我们这些人年纪大了经历的事情也多，自然不会轻易被人诱惑。常常看到道士们自夸修养得法，大吹大擂毫无愧色，但多试他几年，最终也和普通人一样牙齿脱落，须发皆白，逐年显出老态。由此看来，这世上的术士，都不过是骗人而已，神仙怎能降临到人世呢？还有一种术士，能站在地上几十年，或是坐在小屋里几年。但是能久坐的人不能久立，能久立的人却不能久坐，可知他们之所以擅长久坐或久立，只是一种妖邪鬼怪的方法罢了。这都是我经过了多次考察才知道他们的荒诞。

评
析

历史上，有许多君王曾追求长生不老，其中也有部分帝王因此荒废了国事。康熙非常怀疑方士术士，一针见血地戳穿他们长生不老的谎言。至于那些瞒天过海的小把戏，康熙经过多次的考察，也揭示了它们的虚假。康熙敢于质疑的态度，踏实求真的作风，也是很值得我们学习的。

训曰：凡是做事一时容易，持久就难了。所以凡有人对我说奇谈异事，我就说："等过段日子再看吧。"我从八岁登基，治理繁杂朝政五十多年，什么样的事情没有经历过？那些虚妄狡诈之人一时所做的事，到日后丑态毕露的很多。像这些小小的虚诈，我当时并不立即揭破，时间长了让其自行败露。一时的奸诈，实际上没什么好处。

训曰：凡事暂时易，久则难。故凡人有说奇异事者，朕则曰："且待日久再看。"朕自八岁登极〔即位，登上帝位〕，理万几〔形容帝王政务繁多〕五十余年，何事未经？虚诈之徒一时所行之事，日后丑态毕露者甚多。此等纤细之伪，朕亦不即宣出，日久令自败露。一时之诈，实无益也。

评
析

康熙可以说是一个智者，有时明知欺诈，却不点破。因为他知道时间长了，该暴露的事情终归是要暴露的，不用急着向众人宣告它的欺骗。康熙告诫子孙们万事顺其自然，不用刻意为之。即使是虚诈之事，也不要过于急着向众人宣布，它总有暴露的一天。

训曰：尔等惟知朕算术推算天文历法之术之精，却不知我学算之故。朕幼时，钦天监官署名。掌管观察天象，推算节气，制定历法汉官与西洋人不睦mù。和睦，互相参劾cān hé。到皇帝面前检举揭发罪状。劾，检举揭发，几至大辟死刑。辟pì，法，刑法。杨光先字长公。顺治时多次上书指斥汤若望所编《时宪历》荒谬。康熙三年再上《请诛邪教疏》，弹劾汤若望。后代替汤若望为钦天监监正。但他所制历书谬误更多，很快被夺官、汤若望字道未。德国人。天主教耶稣会传教士。明时来华。清顺治元年将浑天仪、太阳象限仪、望远镜三种天文仪器呈献清廷。次年编《时宪历》，颁行天下，任钦天监监正。康熙三年为杨光先告图谋不轨，下狱，次年释放于午门帝王宫城正门称午门。此指北京紫禁城的正门外九卿古代中央政府的九个高级官职前当面赌测日影，奈九卿中无一知其法者。朕思己不知，焉能断人之是非？因自愤而学焉。今凡入算之法，累辑成书，条分缕析有条有理地细细分析，后之学此者

训曰：你们只知道我精通推算天文历法之术，却不知道我学推算的原因。我小时候，钦天监的汉官与西洋人不和，互相弹劾，几乎发展到杀头的地步。杨光先和汤若望两人在午门外当着九卿的面打赌测算日影，可惜群臣中没有一个懂得他们的算法的。我想：自己要是不懂，怎能判断别人的是非？于是发愤去学。现在所有推算之法，都累积编辑成书，

条分缕析，后来学习的人看了都认为很容易，但谁知道我当时苦心研究的艰难啊！

视此甚易，谁知朕当日苦心研究之难也。

评析

皇帝要处理错综复杂的事情，如何从千头万绪中理出思路，对皇帝来说是一个很大的考验。康熙用自己的经历来告诉子弟，要博学多识，才能机敏善断。古人云"书到用时方恨少"，在平时就要刻苦钻研，关键的时候才不至于手忙脚乱。

训曰：音律 古代音乐。有五音六律，故名 之学，朕尝留心。爰 yuán。于是 知不制器无以审音，不准今无以考古。音由器 乐器 发，律 律管 自数生。是故不得其数，律无自生；不考以律，音不得正。雅俗固分，而声协则一；器虽代革 逐代变革，而音调则同。故曰："以六律正五音 旧传古人用十二个长短不同的律管，吹出十二个高度不同的标准音，以确定乐音的高低，因此这十二个标准音也叫十二律；五音，宫、商、角、徵、羽。徵 zhǐ。今之乐由 通"犹"，犹如 古之乐也。"朕考核诸音律谱，按《性理》《性理大全》。是宋代理学著作与理学家言论汇编。辑成于永乐十三年（1415年）。康熙十二年（1673年）内府重修 内《律吕新书》乐律学文献。南宋理学家蔡元定撰，黄钟律分围径长短，准以古尺，损益相生十二律吕 古代音乐有十二调，分六阳律和六阴吕（阳称律，阴称

训曰：音律这门学问，我曾经关注过。于是知道了如果不制成乐器就无法定音，不度量今天就无法考察古代。音是从乐器发出的，律管由数目产生，因此不知道律管的长度数目，律管就无法生成；不用律管来考定，就无法正音。雅俗本来有分别，而声音协和则一样；乐器虽随着时代出现多次变革，但音调却不变。所以说："用六律管校正五音。今天的乐律如同古代的一样。"我考察过各种音律谱，依照《性理大全》内《律吕新书》，黄钟律管分管径长短不同，以古尺为标准度量，根据三分损益法生成

十二调，制成律管来审定乐音。再用黄钟之积加分或减分法，制成各种乐器来调和它们的音调。用黍尺来核实，长度正好相合；演奏各种音乐而音调和谐。根据这些写成书，辨析其存疑之处，阐释其乐义，校正律管，审定乐音，和谐声音以定音乐，有条有理地细细分析，逐条进行详细说明。大概天地间的元声，从古到今不能改变，中外比较也大致相同。宇宙之内，四海之外，这个音相同，乐理也就相同；百世以前，百世以后，乐理相同，这个音也就相同。因此，不了解古乐而沉溺于今乐，不只是不了解古乐，并且也是不

制为管_{律管}而审其音。复以黄钟之积加分减分，制诸乐器而和其调。实以黍黍尺。古代用黍百粒排列起来，取其长度作为一尺的标准，叫黍尺。黍 shǔ，黍子。粮食作物去皮后叫黄米，比小米稍大，煮熟后有黏性而数合，播诸乐而音谐。因著为书，辨其疑，阐其义，正律审音，和声定乐，条分缕析，一一详明。盖天地之元声古人定十二律吕以黄钟管发出的音为十二律所依据的基准音，故称黄钟为元声，亘 gèn。（空间上或时间上）延续不断古今而莫易，联中外以大同。六合之内，四海之外，此音同此理同也；百世之上，百世之下，此理同此音同也。是故不知古乐而溺于今，非特只是不知古，并不知今

也；必复古乐而不屑于今，非特不知今终亦无从复古也。

知今乐；一定要恢复古乐而忽略今乐，不只是不知道今乐，最终也将没有办法恢复古乐。

康熙不仅精通医学，同时也精通音韵乐理。在这则训示中，康熙阐述了自己对于音韵乐理的学习和研究。他认为不制作器具就难以审定音律，不确定当今的音律也就难以考察古音。由此，康熙命令重新编订《性理》。六合之内，四海之外，音律道理相同。那些不知道古乐却沉溺于今乐的人，不只是不知道古乐，甚至于连今乐都不知道；那些一味复古而不知道今乐的人，不知道古乐并且也不了解今乐。

训曰：声音的法则，以和谐为根本，所以《尚书》上说："八种乐器发出来的声音相互和谐，不相互干扰，神和人也就因此和谐。"我曾看到近代人事：研究儒学的人，空谈道理和准则，拘泥于过去的传闻，对于声韵和文字的意义，鄙视而不讲究；乐师们专门研习声音韵律，熟知乐谱，而对音律的本源茫然无知。他们竟然不知道"工、尺"等字，就是"宫、商、角、徵、羽"的省文啊。工、凡、六、五、乙、上、尺七个字，而"宫、商、角、徵、羽"五音加上变徵、变宫也就合成七音。工、尺等七字有出调，

训曰：声音之道，以和（和谐）为本，故《书》（《尚书·舜典》）曰："八音（我国古代对乐器的统称。通常为金、石、丝、竹、匏、土、革、木八种不同质材所制。匏 páo）克（能够）谐，无相夺伦（条理），神人以和。"尝见近世之人事，儒学者空谈理数（道理，准则），拘守旧闻，而于声字之义，鄙而不讲；工师（乐师）则专肆（yì。研习）研习声音，熟谙（熟知。谙 ān，精通，熟悉）字谱，而于音律之原茫然无知。殊不知工尺（我国民族音乐音阶上各个音的总称。也是乐谱上各个记音符号的总称）等字，即宫商（我国古代五个音阶中的宫音和商音。泛指五音，即宫、商、角、徵、羽）之省文也。工、凡、六、五、乙、上、尺七字，而五声二变亦七音（大致相当于今天的音阶。五音宫、商、角、徵、羽加变宫、变徵称七音，相当于现在的 Do（1）、Re（2）、Mi（3）、Fa（4）、So（5）、La（6）、Xi（7）七个音）。工尺七字有出调，而五声二变亦旋

282 ○ 283

宫 也称旋宫转调。我国古代以十二律与七音配，变化成众调，故称，旋宫则转调，而当二变者则出调。古圣立法，原自简易，而后之人反从难处探索奥理，却不知说愈繁而理愈晦 huì。不明显。古之雅乐 古代帝王祭祀天地、宗庙和朝会时所用的正乐，惟用五正声，而间以二变，谓之七音。今之南曲 宋元以来南方戏曲、散曲所用各种曲调的总称。用韵以南方语言为准，分平、上、去、入四声 亦止用五字，而出调二字不用；北曲 宋元以来北方戏曲、散曲所用各种曲调的总称。用韵以《中原音韵》为准，无入声 则杂以出调二字，名曰北调。然则古乐今曲，何尝不以正变之声而为宫调 中国传统音乐的调式。以七音中的任何一声为主音，都可以构成一调式。以宫为主音的调式称为宫调 之准则耶？要之，乐以太和 中国哲学术语。指阴阳二气既矛盾又统一的状态 为本，是以古圣王惟得中声 中和之声 以定大乐，故

而五声二变也有旋宫，旋宫就转调，而当变徵、变宫时就出调。古代圣贤立法，原本是很简单的，可是后世的人却从难处入手去探索深奥的道理，他们不知道解说得越烦琐复杂，道理也就越变得晦涩难懂。古代的雅乐，只用正五声而中间或夹以变徵、变宫，叫作七音。现在的南曲也只用宫、商、角、徵、羽五字，而出调变宫、变徵不用。北曲就杂以出调的变徵、变宫，称为北调。既然这样，那么古乐和今曲又何尝不是以正音二变之声作为宫调的准则呢？总之，音乐以天地间冲和之气为根本，因此古代圣明的君

主只求中和之声来确定大乐，所以能与天地同和。把大乐献给郊庙让鬼神享用；在朝廷上演奏而人心风俗也就随之淳厚了。

与天地同和。荐之郊庙而鬼神享；奏之朝廷而人心风俗以淳也。

古代圣贤礼法以简易为主，后世之人则从难处进行探索，结果便是越探索越晦涩难懂。康熙认为，古乐与今乐都以正变为主，音乐应以太和为本。所以，无论是郊庙之歌，还是上奏朝廷的歌曲，都可以使民风更为淳朴。

训曰：今者各国海外诸物毕至，珍禽奇兽，耳之所未闻、书传之所记者，皆得见之，且畜养而孳生_{繁殖。孳 zī}者亦有之。即此观之，凡物各遂其性_{顺其本性}，虽禽兽亦如其本地之生育焉。汝等如此少年，甚至于孩提之童，遽_{遂，就}能见此各种禽兽，岂可易视也与？

训曰：现在海外各国的各种东西全都得来了，珍禽奇兽，过去从未听说过、只是见于书传记载的，都能见到了，并且经过饲养而繁殖了的也有。由此看来，各种生物只要顺应它们的本性，即使禽兽也会如同在其本地一样繁育。你们如此年轻，甚至有三两岁的幼童，就能见到这各种飞禽走兽，怎能轻易看待呢？

康熙认为现在各国的东西都可以运送至清朝，珍禽异兽以及各种从未听说过看到过的，都可以在国内看见。所以，万物生长只要顺其本性，即便是珍禽异兽也能够像在其本地一样生长繁育。

训曰：出产狮子的西洋各国离中国很远，即使是在他们那里也不容易得到狮子，得到了就进贡给中国。现在西洋国进贡的狮子，我私底下认为没有什么奇异之处，只是念他们从极远的地方进奉来，为了嘉勉他们的诚心，不好让他们带回，所以收留豢养罢了。我是不喜欢奇珍异物的。

训曰：产狮之西洋_{元明时将南海以西的海洋及沿海各国统称西洋。明末清初以后，西洋指大西洋两岸即欧美各国}国极远，即彼处亦难得之，得则进贡中国。今西洋国进贡之狮，朕心以为无甚奇处，但念彼自极远处进奉，嘉_{表扬，赞许}其诚心，不便发回，所以收养耳。朕不好奇物也。

评析

康熙并不好奇珍异物。狮子原产于西洋，即便是在西洋也很难见到，但是他们进奉到了清朝。康熙对狮子并无太多的好奇心，只是顾念西洋人进奉狮子的一片诚心，因此嘉奖他们，不便将狮子送回。康熙在此训诫子孙们对万事万物不可过于好奇。对于别国的进奉，应该抱以诚心而非好奇之心。

训曰：古史书载，出宫女三千，以为大德。明时宫女至数千，脂粉钱至百万。今朕宫中计使女恰才三百，况朕未近。使之宫女，年近三十者，即出与其父母，令婚配。汝等皆系朕子，如此等处，宜效法行之。

训曰：古代史书中记载，放出宫女三千人就认为是帝王盛大的德行。明朝时宫女达到几千人，脂粉钱就得花上百万。现在我宫中使女共计才三百人，况且我没有接近过她们。年龄接近三十岁的宫女，就放她们出宫回到父母身边，令其结婚嫁人。你们都是我的儿子，像这些方面，应该效法我来做。

评析

唐朝初建，国力贫乏，为安抚人心、节省开支，高祖李渊曾下诏放出部分宫女，一次性放出宫女三千多人。唐太宗时宫女仍多达数万人。明代宫女数量虽有所下降，但还有数千人之多，开销甚巨。康熙时宫女不过三百多人，且年近三十的宫女，还被他遣送回家，让她们有机会婚嫁。由此可见康熙的仁者之心。他希望子孙们也能够效法他，对宫女们抱以怜悯之心。

训曰：满洲人最忌讳让人搀扶。所以我到了如此大年纪，仍然不让人扶持，不拄拐杖。坐下或站起来时只是让人稍微帮助一下就可以了，一站起来就不用扶了，闲坐时也不倚靠什么东西。现在的年轻人反而要让人搀扶着，两手搀着胳膊，看着十分讨厌。既没有病又没什么缘故，这样的举动，实在是让人觉得奇怪，也只不过是他们无福的样子罢了。又有一种人，不到拄杖的年纪却用拐杖，这又是什么心理！这种做法，我实在不能理解。你们仍然应当用我朝前辈所忌讳的事戒除这些才行。

训曰：满洲人最忌令人扶掖_{挽扶。掖 yè，拽着别人的胳膊}。是故朕至如是之年，尚且不令人扶掖，不持拄杖。坐起时，人但少助而已，一立即不用扶矣，闲坐亦不凭倚。今之少年反令人扶掖，两手挽臂，观之甚是可厌。既无病又无故，如此举动，诚为怪异，亦特无福之态耳。又有一等人，年纪不相称，即用拄杖，复何心哉！此等处朕实不解。尔等仍当以我朝前辈所忌讳处戒之可也。

评析

满洲人是马背上的民族，民风刚健，不喜欢让别人搀扶。康熙年事已高，但平时也不要别人搀扶，只有坐下和站起来的时候才让人扶一下。他告诫子孙，年纪轻轻的，如果不是身患疾病，那么最好不要让别人扶着走路。那看起来会让人觉得不舒服，也不是有福相的表现。

训曰：古昔征战，尝用弩箭^{以弩弓发射的箭。弩 nǔ，用机械发矢的弓}，至我朝时，弓矢甚利，故弃弩箭而不用。今苗蛮人尚用弩箭者，彼处尽大山深涧，伊等鸟枪少而弓矢又不能远射，故仍用弩箭。朕近日制弩试之，所至固远，然不得准，贯^{穿透}革^{皮革制的甲胄}力亦微，上弩而又加箭，亦不甚便。但平日作玩具可耳，实在应用之处，则不可恃。如我朝之弓矢，连射不误，贯革力大，迎敌者如何对立？是故自古以来，各种兵器能如我朝之弓矢者，断未之有也。

训曰：古时候打仗，曾经使用弩箭，到我大清时，弓箭非常锋利，所以舍弃弩箭不再使用。现在南方苗人还在使用弩箭，他们那里都是大山深涧，他们鸟枪少而他们的弓箭又射得不远，所以仍用弩箭。我近日造了弩箭试了一下，箭射得固然很远，但是射得不够准，穿透皮甲的力量也小。上了弩机又要加箭，也不太方便。只在平日用作玩具还可以，实际应用的地方，就不能依靠它了。像我们大清的弓箭，连续发射不失目标，穿透皮甲的力量也大，迎对的敌人怎么能和我们抗衡？所以自古以来，各种兵器能够比得上我们大清朝弓箭的，是断然没有的。

评析

　　康熙认为清军的能征善战，是得益于兵器的锋利。在他当政期间，苗族人还在使用弩箭。为了了解弩箭的属性，他特意制作了一把。经过细致的考察比较后，他认为弩箭虽然射得远，但是力量太小，命中率也不高，不如清军的弓箭实用。康熙的这段训示也是在告诫子孙，工欲善其事，必先利其器，不要忽视军备的发展。

训曰：古之圣人 指后稷，平水土，教稼穑，辨其所宜，导 教导，启发 民耕种而五谷 原指五种谷物，一说麻、菽、麦、稷、黍，一说黍、稷、菽、麦、稻。后以五谷作为谷物的统称 成熟。孟子曰："五谷 稻、黍、稷、麦、菽 熟而民人育。"则人之赖于五谷者甚重。尝思夫天地之生成，农民之力作，风雷雨露之长养，耕耘收获之勤劳，五谷之熟，岂易易耶？《礼·月令》曰："天子乃以元日 古代以干支纪日，汉代郑玄说：元日即正月第一个辛日 祈谷于上帝。"凡为民生粒食 以谷物为食 计者至切矣，而人何得而轻亵 轻慢。亵xiè，亲近而不庄重 之乎？奈何世人之惟知贵金玉而不知重五谷，或狼藉 散乱 于场圃 农家种菜蔬和收谷物的地方。圃pǔ，种蔬菜、花草的园子或园地，或委弃 舍弃，丢弃 于道路，

训曰：古代的圣人后稷，平治水土，教百姓耕作和收获庄稼，辨别气候土地所适合种植的作物种类，引导百姓耕种使得五谷成熟。孟子说："五谷成熟了，老百姓便可得到养育。"可见人依赖五谷的程度之重。我曾经想，这庄稼是天地的生成化育，经过农民努力耕作，风雷雨露的滋长养育，农人耕耘收获的辛劳，五谷的成熟，难道是轻而易举的事情吗？《礼记·月令》说："天子在元日这天向上天祈求谷物丰收。"凡是为百姓吃粮问题考虑的都到极致了，而人们怎么可以不看重粮食呢？为何世上的人只知道珍视金玉而不知看重五谷，有的胡乱把它堆放在园场，有的把它丢弃在路上，甚至扔在粪土里

弄脏。如此轻视亵渎粮食，难道是敬重上天的表现吗？年景不好的时候粮食少，固然应该珍惜它，而丰收之年粮食多，更应当珍惜。《诗经》上说："种植粮食养育百姓，没有人不受你的恩惠。赐给我们麦种，上天用它来养育百姓。"啊！粮食实在是太重要了！

甚至有污秽于粪土者，轻亵如此，岂所以敬天乎？夫歉岁^{荒年，收成不好的年份}谷少固当珍重，而稔岁^{丰年，禾谷丰收的年份。稔 rěn，庄稼成熟}谷多尤当爱惜。《诗》^{《诗经·周颂·思文》}曰："粒我烝^众民，莫匪尔极^{极致。此指无量功德}，贻我来牟^{lái móu。麦子的统称}，帝命率育。"噫嘻重哉！

评析

　　康熙说，古代的圣人亲力亲为，引导百姓耕作和种植。他告诉子孙，种植庄稼并非想象的那么容易，百姓们付出辛勤的劳动，才能有所收获。而且粮食是百姓赖以生存的根本。因此，要体恤百姓，重视农事生产，珍惜粮食，在荒年固然要如此，在丰收之年也不可忘记爱惜粮食的重要性。

训曰：每岁自南方漕运米粮一石^{中国市制容量单位。十斗为一石}，费银数两，盖因地远难致^{到达}之故。不肖^{不贤，愚蠢不懂事}兵丁不知运粮之艰，既得粮米，因暂时有余，遂卖银钱以供几次饱餐醉饮，及米不继之时，妻子又皆不免饥饿。此等处朕知之甚悉，故放米之时，屡降严旨于管辖人等，严禁奢费与卖米者，特为兵丁之生计也。无知之人以兵丁卖米为小事，不知米者养人之本。为人上者不留心省察^{检查详审}，可乎？

训曰：每年从南方由运河运来的粮食，一石米要耗费好几两银子，这是因为路途遥远难以运来。那些不懂事的兵丁不明白漕运粮食的艰难，领到米以后，暂时有些剩余，就拿去变卖成银钱，供自己几顿酒足饭饱。等到粮米接不上时，妻儿老小不免忍饥挨饿。这些情况我知道得非常清楚，所以在发放米粮时，多次给管理此事的官员降下严令督办的旨意，严禁奢侈浪费和卖掉米粮，这是特别为兵丁们的生活考虑。无知之人把兵丁卖米看作小事，他们不知道米粮是养人的根本。作为治理人民的人不留心审察，行吗？

评析

康熙认为兵丁卖米并非小事，必须严加管束。因为粮食是养活性命的根本，作为帝王必须留心审察。从南方通过水路运送过来的大米需要耗费很多白银，原因在于地远难运。一些士兵不知道运输粮食的艰苦，将剩下的米卖掉喝酒。然而，妻子和孩子们却要忍受饥饿。从这些琐事上可见康熙非常重视民生问题，民生为本业已成为其治国理政的根本理念。

训曰：世之财物，天地所生，以养人者有限。人若节用，自可有余；奢用，则顷刻尽耳，何处得增益耶？朕为帝王，何等物不可用？然而朕之衣食毫无过费。所以然这样，如此者，特为天地所生有限之财而惜之也。

训曰：世上的财物，是天地所生成，用来供养人的，数量极为有限。人如果节省着用，自然能够有节余；奢侈浪费，那么很快就用光了，从哪里可以得到补充增加呢？我作为皇帝，哪一样东西不能用？然而我的衣食丝毫没有浪费。我之所以这样做，正是因为天地所生成的财物实在有限而要珍惜啊。

评析

康熙认为，世上的财富是上天的恩赐，而且是有限度的。如果能够节省着使用，那会有盈余；如果挥霍无度，那可能导致倾家荡产。因此，他自己就十分节俭，不在饮食和穿衣上浪费金钱。他也希望子弟要爱惜财物，养成一个节俭的习惯。

训曰：人活在世上，有从政的，就以政治事务为事业；有家庭生计的，就以家庭生计为事业；有经商的，就以经营为事业；有从事农业的，就以农业生产为事业；而读书人，就以读书为事业。即使没有固定事务要做的，也应当以一种技艺、一项工作去打发时光。为何那些嗜赌成性的人，不顾身家性命，愚痴到这般程度？他们借赌博的名义去侵夺别人的财物，这样的人和盗贼没有什么区别。利用人家失去的作为自己的收获，开始时贪图人家的钱财，陷入坑阱，随后吝惜输掉的钱财，妄想捞回本钱，苦苦迷恋在赌局中，一直弄到囊中空空，家产败尽，最后落得没有饭吃，没有栖身之所，荡尽家财，败坏事业。即使是最好的朋友或最亲近的亲戚，一入赌场，立刻翻脸。为了

训曰：凡人处世，有政事者，政事为务；有家计者，家计为务；有经营者，经营为务；有农业者，农业为务；而读书者，读书为务。即无事务者，亦当以一艺、一业而消遣岁月。奈何好赌博之人，身家不计，性命不顾，愚痴如是之甚？假赌博之名以攘（rǎng。夺取）人财，与盗无异。利人之失以为己得，始而贪人所有，陷入坑阱，既而吝惜情生，妄想复本，苦恋局内，囊罄（qìng。用尽）产尽，以致无食无居，荡家败业。虽密友至戚，一入赌场，顷刻反颜（翻脸），

一钱得失, 怒詈[lì。责骂]旋兴, 雅道俱伤, 结怨结仇, 莫此为甚。且好赌博者, 名利两失。齿[指人的岁数, 年龄]虽少, 人即料其无成; 家正殷, 人决知其必败。沉溺不返, 污下同群。骨肉轻贱, 亲朋笑耻, 种种败害相因[相袭, 相承]而起。果何乐何利而为之哉? 朕是以严赌博之禁, 凡有犯者, 必加倍治罪, 断不轻恕。

一个钱的得失, 怒骂即起, 文雅伤尽, 结怨结仇, 没有比赌博更厉害的了。并且爱好赌博的人, 名利两失。年龄虽小, 人们就断定他将来不会有所成就; 目前家道殷实, 人们也已料定他将来必会破败。沉溺于赌博之中无法自拔, 和鄙俗下流者为伍, 亲人们看不起, 亲戚朋友们耻笑, 种种败家害人的事一个接一个产生。到底有什么快乐和好处使得这些人要去做呢? 因此, 我严申赌博的禁令, 凡有违犯的, 一定加倍治罪, 决不轻饶!

康熙严禁百姓赌博, 因为它的危害极大。康熙指出, 在赌博中, 即使赢了别人的钱, 那也不光彩, 和盗贼没有什么区别。输了钱后, 为了收回本钱, 往往又越陷越深, 无法自拔, 最终会耗尽家财。而且, 赌博还会破坏家庭关系, 和亲戚朋友产生矛盾。所以, 对于违背法规去赌博的人, 康熙决不轻饶。

训曰：人继承了祖上父辈留下的产业，衣食不缺，这是最大的幸运，就应当发愤读书并以追求志向为乐，安于修养身心的本分。如果家境贫寒，也只有靠着勤奋学习，努力践行圣人之道，赢得同乡人的敬重。孔子说："出身富贵的，就按富贵之道行事；身处贫贱的，就按贫贱之道行事。"孟子说："富贵不能惑乱我的心，贫贱不能改变我的志向。"这是圣贤立志的根本，也是保持心志不使其丧失的关键途径。

训曰：人承祖父之遗，衣食无缺，此为大幸，便当读书乐志，安分修为。若家贫，亦惟勤学力行，为乡党_{乡里}所重。孔子曰："素富贵，行乎富贵；素贫贱，行乎贫贱。_{语出《礼记·中庸》}" 孟子曰："富贵不能淫，贫贱不能移。_{语出《孟子·滕文公下》}" 此是圣贤立志之根本，操存_{护持心志，不使丧失}之要道也。

评析

这则训示讲，生于富贵之家的人，要感恩父辈的恩惠，珍惜优渥的环境，好好读书。生于贫寒之家的人，也不要心怀怨念，只要努力读书，一样会获得他人的尊重。康熙借此告诫子孙，要发奋读书，莫要骄奢淫逸，忘记自己作为君王该承担的责任。

训曰：朕因大庆之年^{指整七十岁。王羲}之书《淳化阁帖·十七帖》："足下今年足七十耶? 知体气常佳，此大庆也。"，特集勋旧与众老臣，赐以筵宴，使宗室子孙^{清代皇室子孙，即爱新觉罗家族子弟}进馔^{送上食物。馔zhuàn，食物}奉觞^{举杯敬酒。觞shāng，古代酒器}者，乃朕之所以尊高年而冀福泽之及于宗族子孙也。观朕之君臣，如此须鬓皆白数百人坐于一处，饮食筵宴，其吉祥喜庆之气洋溢于殿庭中矣。且年高之人，多自伤自叹，今荷^{承受，蒙受}朕恩礼，归家各以告其子孙，借此快乐以益寿考^{长寿}，即养身之道也。

训曰：我借七十大寿，特地召集有功绩的旧臣和诸位老臣，赐给他们酒宴，让皇子皇孙们进奉酒食，是想用这种方式表示我对老臣的敬重，并希望福泽延及皇族子孙啊。看看我们君臣，几百个两鬓胡须斑白的老人坐在一起，进食宴饮，那种喜庆祥和的气氛洋溢在宫殿之中。况且年纪大的人，大多自伤自叹，现在受到我的恩典礼遇，回家后告诉自己的子孙，借此快乐快乐益于长寿，这就是养生之道啊。

评析

在这里，康熙又讲到养生和治国之道。老年人要保持一个愉快的心情，这样能增加自己的寿命。康熙借着自己的生辰，和年迈的大臣们一起饮酒。君主共聚一堂，沉浸在祥和的气氛中，这会给自伤自叹的老臣们以很大的心理安慰。老臣们感受到皇上的恩德，也会把福泽回报给皇子皇孙们。

训曰：朕自幼所读之书，所办之事，至今不忘。今虽年迈，记性仍然。此皆素日心内清明之所致也。人能清心寡欲，不惟少忘，且病亦鲜也。

训曰：我从小读过的书，所做的事情，到现在也没有忘记。如今，我虽然年纪大了，但记性仍然和年轻时一样好。这都是我平日内心清明的结果。如果一个人能清心寡欲，不仅是少忘事，而且连病也很少得。

评
析

康熙幼年所读的书，经手操办的事情，他大都能够记得。康熙认为，这是因为他内心清明。他训诫子孙，要清心寡欲。这样做不仅可以增强自己的记忆能力，提高做事的效率，还可以维持身体健康。五光十色的现代生活，加重了人体的负担，康熙的这则训示，也能给我们许多启发。

训曰：大凡书生称颂君主，或写诗作赋想称赞君主的善行，一定先列举他人的短处，然后才颂扬君主。常常以君主可以媲美三皇、高于五帝、超过了历代君王为说，这岂不是太过分了吗？譬如，诗中有这样的话："欲笑周文歌宴镐，还轻汉武乐横汾。"比如，想要说这个人的好处，一定先指出那个人的坏处。我不认为这种做法恰当。他也好而我也好，难道不美吗？总之，要说这个人的好，就只说他的好，何必要涉及他人的恶呢？这都是由于度量窄狭，并且心胸不平和所致。我对此很不以为然。

训曰：凡书生颂扬君上，或吟咏诗赋欲称其善，必先举他人之短，而后方颂言之，每以媲 pì。比 三皇 一般指伏羲、女娲、神农、迈五帝 一般指黄帝、颛顼、帝喾、尧、舜。颛顼 zhuān xū；喾 kù、超越百王为言，此岂非太过乎？诗中有云"欲笑周文歌宴镐 hào。西周的国都，在今陕西省长安西北，还轻 蔑视 汉武乐横汾 指汉武帝巡行河东郡，在汾水楼船上与群臣宴饮。汉武帝作《秋风辞》，中有"泛楼船兮济汾河，横中流兮扬素波"句，譬 pì。打比方 之欲言此人之善，必先指他人之恶。朕意不然。彼亦善而我亦善，岂不美哉？总之欲言人之善，但言某人之善而已，何必及他人之恶？是皆由度量窄狭，而心不能平也。朕深不然之。

评析

　　美人之美，各美其美。康熙认为，很多阿谀奉承之人在赞扬君王的美德与善举的时候，总是先说他人的不好。康熙认为，如果真心夸赞一个人，那就不用再去损辱他人，如此，才是真正的美德。此则训示意在告诫子孙们万不可为了取悦他人而贬低别人，如果能够都加以赞美自然是最好不过。

训曰：朱子说："大概古人作诗和今人相同，其中也有因感外物而抒发情感，吟咏自我性情的，何时都是讥评讽刺别人的呢？只是因为作序的人订立了体例，每篇都要作称善讥恶解说，曲解诗人的本意作牵强的解释。就像唐代擅长写诗的人，应皇帝之命赋诗，后人妄加解释，认为是讥刺朝廷，这对前人来说，不是太冤枉了吗？"朱子这话说得最公道，他深刻体会到了诗人作诗的本意。

训曰：朱子（朱熹）云："大率（大概）古人作诗，与今人一般，其间亦自有感物道情、吟咏情性，几时尽是讥刺他人？只缘序者立例，篇篇作美刺（称善讥恶）说，将诗人意思尽穿凿（牵强解释）坏矣。即如唐人工于诗者应制（奉皇帝之命作诗。这类作品称应制诗）赋诗，后人解之以为讥刺朝廷，其于前人不太冤耶？"朱子此言最公，深得诗人之意。

康熙引用朱熹的诗论，来训示子孙这样一个道理：有许多诗歌是感于外物而抒发情感的，并没有影射的意味。但是，前人在解释诗歌时，偶尔会牵强附会，曲解诗人的意思。有时甚至把应制诗看作是讥讽朝廷的诗歌，实在是冤枉前人了。他希望子孙再读诗时要细致地甄别，体会到诗人的真实用意。

训曰：唐人诗命意_{立意，寓意}高远，用事_{即用典事，典故}清新，吟咏再三，意味不穷。近代诗人虽工，然英华_{精华}外露，终乏唐人深厚雄浑之象。

训曰：唐人诗歌立意高远，引用典故清新自然，若反复吟咏则更觉其中意味无穷。近代人写的诗虽然很工整，但神采精华外露，终究缺乏唐人诗歌深厚雄浑的气象。

评析

康熙主张诗歌不应该只注重外表的华美，更应该注重他的意蕴。诗发展到唐代，达到巅峰。唐代诗歌命意高，用典清新，给人韵味无穷之感。与此相对，今人诗虽然工巧且外表华丽，但终究还是缺乏盛唐的意蕴。康熙在此展示了他的诗学观念。

训曰：孔子说："君子有三件事要戒除：年轻时候，血气未定，要戒除迷恋女色；等到壮年，血气方刚，要戒除争强好斗；等到年老，血气已经衰退，要戒除贪得无厌。"我现在年纪大了，戒女色、戒争斗的时候已过，只有贪得，这是应当戒除的。我作一国之君，想用什么东西得不到？想要什么东西取不来？还有贪得的道理吗？万一有这种情况，也应当用圣人的话来告诫自己。你们当中有正血气方刚的，也有血气未定的，应该把圣人的戒语牢记心中，并且引以为戒啊。

训曰：孔子云："君子有三戒：少之时血气未定，戒之在色；及其壮也，血气方刚，戒之在斗；及其老也，血气既衰，戒之在得。"朕今年高，戒色、戒斗之时已过，惟或贪得，是所当戒。朕为人君，何所用而不得，何所取而不能，尚有贪得之理乎？万一有此等处，亦当以圣人之言为戒。尔等有血气方刚者，亦有血气未定者，当以圣人所戒之语各存诸心，而深以为戒也。

评 析

孔子曾说君子在人生中当有所戒备，少年时戒色，壮年时戒斗，老年时戒得。康熙在此做出自我反省，既然年事已高，就不存在戒色戒斗，需要戒的是贪与得。作为一国之君，应有尽有，所以就没有贪得的道理。即便是有，也要以圣人之言来劝诫自己。康熙以这三条准则来约束子孙的行为，希望他们能够谨遵圣人之言，戒色戒斗，做一个开明的君主。

训曰：孔子说："对于老百姓，只可以让他们照着去做，不能使他们懂得为什么要这样做。"这的确是治理国家的关键。我在位六十多年，什么政令没有推行过？凡是看上去对老百姓有好处的事，我了解清楚确信它是正确的，就立即实行。那些见识浅薄的人，只知道图眼前侥幸的事，而不思考今日后的长远大计。凡是圣人的一言一语，都包含着极正确的道理啊。

训曰：孔子云："民可使由之，不可使知之。"诚为政之至要。朕居位六十余年，何政未行？看来凡有益于人之事，我知之确，即当行之。在彼小人，惟知目前侥幸，而不念日后久远之计也。凡圣人一言一语，皆至道存焉。

评析

不在其位，不谋其政。在上者要统筹全局，考虑到长远的利益，制定的一些政策在短时间内可能不会被老百姓所理解。康熙从自己六十年的执政经验出发，告诉子孙，凡是对百姓有益的事情，就要果断地施行。那种抱着侥幸心理，只追求眼前利益的心态是不可取的。

训曰：盛京_{清朝在 1625 年到 1644 年在沈阳建立都城。清太宗皇太极尊沈阳为"盛京"}年例_{每年惯例}，俱系步围_{徒步围猎。}朕初次到盛京时，行围不远，即见两三虎，步行人有被爪伤者，虽不致命，实视之不忍。本处将军、都统目为寻常，朕遂深责_{责备}之曰："田猎原为游豫_{游乐}，今目睹伤人若是，何以猎为？今后步围永行禁止。"自是年至今已四十余年矣，不然被伤者何所底止？此四十余年所生全者岂少哉？

训曰：盛京每年的惯例，都是徒步围猎。我第一次到盛京的时候，行至围场不远处，就连见两三只老虎，步行围猎的人有被虎爪抓伤的，虽然不至于伤了性命，但看到这种情形心里着实不忍。本地的将军、都统都把这看成寻常之事，于是我严厉地责备他们说："围猎原本是为了游乐，今天我亲眼看到老虎伤人竟然到了这种地步，还打什么猎呢？从现在开始徒步围猎永远禁止。"从那年到现在四十多年过去了，否则，被虎所伤的事何时才能停止？这四十多年中，因此而存活下来的人难道还少吗？

评析

康熙在围猎时看到有人被老虎抓伤，而当地的将军和都统们都不甚在意。于是，他严厉责备了那些视人命如儿戏的人，并且及时废除了徒步围猎制度。在此后的四十年中，有许多人因此而保全了性命。康熙宅心仁厚，不愿意见到无辜的人受到伤害，因此告诫子孙要替百姓考虑。这也给我们一些启示：如果不小心沾染了不好的习惯，要及时改正，亡羊补牢，为时未晚。

训曰：人有病请医疗治，必以病之始末详告，医者乃可意会，而治之亦易。往往有人不以病原告之，反试医人之能识其病与否。以为论难_{论辩责问，诘难}，则是自误其身矣。又病各不同，有一二剂药即瘳_{chōu。病愈}者，亦有一二剂药不能即瘳者，若急望效_{成效}，以一二剂药不见病减，频换医人，乃自损其身也。凡人皆宜记此。

训曰：人有病请医生治疗，一定要把生病的来龙去脉详细告诉医生，医生便可了解病情，治疗起来也容易。往往有人不把病因告诉医生，反而想以此测试医生能不能看出自己生了什么病。用这去为难医生，实际上是白白耽误了自己。另外，每个人所得的病各有不同，有一两剂药就治好的，也有一两剂药不能立即好的。如果急于立即见效，吃了一两剂药不见病情好转，就频繁地更换医生，这是自损身体。每个人都要记住。

　　康熙告诉子弟们，在看病时要把自己生病的原委详细地告诉医生，这样医生才能对症下药。人们有时会有讳疾忌医的心理，康熙想用这番话打消子弟们的顾虑。同时，康熙还认识到，每个人的病情不同，对症下药也会因人而异，有的人可以药到病除，有些人则需要慢慢地调理恢复。如果不加以辨别，在治疗期间更换医生疗法，则可能会损伤身体。

导

读

训曰：古人有言："不药得中医语出《汉书·艺文志·经方》。大意是：不吃药是符合医理的。"非谓病不用药也，恐其误投误投药，错用药耳。盖脉理切脉治病的道理至微，医理医学理论至深。古之医圣、医贤无理不阐阐释，无书不备，天良在念，济世存心，不务声名，不计货利，自然审究详明，推寻备细，立方开药方切症，用药通神。今之医生，若肯以应酬之工用于诵读之际，推求奥妙，研究深微，审医案即病案。是医生治疗疾病时辨症、立法、处方用药的连续记录，探脉理，治人之病如己之病，不务名利，不分贵贱，则临症必有一番心思，用药必有一番识见，

训曰：古人说过："不吃药就符合了医理。"这并不是说病了不用吃药，只是担心用错了药。因为脉理极其微妙，医理极为深奥。古代的医圣医贤，什么医理都阐释，什么医书都齐备。怀揣天理良知，一心只想救济世人。不追求名声，不计较财利，自然就能询问得详细清楚，推演研究得完备细致，开出的药方切合病症，用药也就奇妙通神；现在的医生，如果肯把用于人事应酬的工夫用在研读医书上，推求医理的奥妙，研究细微而深入，详察病案，探究脉理，把医治别人的病，如同诊治自己，不追求名利，不分病人的贵贱。那么面对病症必定有一番思考，用药也必定会有自己的见识，用药必然见效，

所感必定可通，很少有不能收到
疗效的。请医生治病的人一定要
小心慎重啊。

施而必应，感而遂通，鲜有不
能取效者矣。延医者慎之。

评
析

康熙解释"不药得中医"
的意思，认为这并不意味着生
了病可以不吃药，而是怕吃错
药伤害到身体。人的身体很宝
贵，生理结构十分复杂。因此，
医生在救死扶伤之前，首先要
细致地钻研医术和医理。康熙
称颂古代医生的医德，认为他
们心无旁骛地刻苦研究，才学
到精湛的医术。他希望当时的
医生也要见贤思齐，向古时候
的名医学习。

原
文

导
读

训曰：医药之系_{关系}于人也大矣。古人立方，各有定见，必先洞察病源，方可对症施治。近世之人，多有自称家传妙方，可治某病，病家草率，遂求而服之，往往药不对症，以致误事不小。又尝见药微如粟粒，而力_{药力药效}等_{等同}大剂，此等非金石_{矿物类药物}之酷烈，即草木中之大毒。若或药投_合其症，服之可已；万一不投，不惟不能治病，而反受其害。其误人也可胜言哉？故孔子曰"某未达，不敢尝"，正为此也。

训曰：医药对于人的关系非常重大。古时医生开药方，各有各的见解，必定要先洞察病根，才可以对症治疗。近世之人，有很多自称有家传妙方，可以治某病，有病的人家草率，就求了药服下，结果往往药不对症，以致耽误了病情。又曾经见到一些药，小得如同粟粒，但药力却和大剂量药相同，这种药如果不是药性酷烈的矿石类药物，就是剧毒的草木。若是药合病症，服下还可以；万一不合，非但不能治病，反而会受其害。这类药的误人，能说得完吗？所以孔子说："我对这种药性不了解，不敢尝。"正是因为这个原因啊。

评析

康熙对医学有自己的研究心得，他告诉子孙，不要盲目迷信偏方。古时候的贤医在开药方时，往往十分审慎持重，因为还需要对症下药。如果不询问医生就草草按照偏方来抓药，那么可能会贻误病情。此外，有一些药物，虽然剂量不大，但药性猛烈。如果没有弄清楚药效而盲目服用，那是很危险的。

训曰：灸 中医治病的一种方法。是用艾叶制成艾炷或艾卷，按穴位烧灼 病者非美事，而身亦徒苦。朕年少时尝灸病，厥后受亏，即艾 艾蒿。草本植物，有香味，可制成艾绒，供灸病用 味亦恶闻矣，闻即头痛。徒灸无益，尔等切记，勿轻于灸病也。

训曰：用艾灸法治病并不是好事，而且身体白白受苦。我年轻时曾经用艾灸法治病，从那以后身体受了亏损，就是艾蒿的味道也讨厌闻到，闻了就头痛。白白地烧一下，对治病没有好处，你们要切记，不要轻易用灸治病。

艾灸是中医针灸疗法中的灸法之一，产生于西周时期，通过点燃艾条熏烤人体的穴位，调整人体紊乱的生理功能，达到保健治病的效果。由于人的身体反应各有差异，其治疗效果也不尽相同。所以，康熙告诫子孙们要谨慎使用，一旦乱用，就会给身体带来伤害。

训曰：书法是六艺之一，而修六艺是圣人之学成功的法门，这是因为六艺能使人的身心有所寄托。我从小酷爱书法，只要见到古人墨宝，一定要临摹一遍。我所临摹的条幅、手卷差不多有一万多件了，赏赐给人的也不下几千件。天下有名的庙宇寺院，没有一处没有我写的匾额，估计其数，也有一千多了。大概练习书法，心正则笔正，写大字如同写小字一样，这正是古人所说的心正则气和，掌心空虚而手指力实，得之于心，应之于手啊。

训曰：书法为六艺 _{儒家说的礼、乐、射、御、书、数六种才艺} 之一，而游艺 _{游憩于六艺之中。后泛指学艺的修养} 为圣学之成功，以其为心体所寓 _{寄托} 也。朕自幼嗜书法，凡见古人墨迹，必临 _{临摹} 一过，所临之条幅、手卷，将及万余，赏赐人者不下数千。天下有名庙宇禅林 _{佛教寺院的别称}，无一处无朕御书匾额，约计其数，亦有千余。大概书法，心正则笔正 _{语出《新唐书·柳公权传》："帝问公权用笔法，对曰：'心止则笔正，笔正乃可为法矣。'"帝，指唐穆宗}，书大字如小字，此正古人所谓心正气和，掌虚指实，得之于心而应之于手也。

评析

　　康熙自幼酷爱书法，也把它作为修身的方法。作为皇帝，康熙经常会题匾，赏赐书法作品给大臣。常言道"字如其人"，所以作为帝王，也要把书法练好。康熙指导子孙如何习字，他认为首先要正心，只有心正了，下笔才能端正。

長幼內外
宜法肅辭
嚴

长幼内外
宜法肃辞
严

训曰：善书法者虽多出天性，大半尤恃勤学。朕自幼好书，今年老，虽极匆忙时，必书几行字，一日亦未间断，是故犹未至于荒废。人勤习一事，则身增一艺，若荒疏即废弃也。

训曰：擅长书法的人虽多出于天赋，但大半还是依靠勤学苦练。我从小就爱好书法，如今年纪大了，即使在最忙碌的时候，也一定要写几行字，一天也没有间断过，所以我的书法到现在还不至于荒废。人勤于练习做一件事，身上就增添了一种技能，如果长时间不练习，技艺就废弃了。

康熙认为，学习书法，天赋很重要，但也不能忽视了后天的辛勤练习。康熙幼年起就开始练习书法，多年来一直坚持不懈，即使公务繁忙，每天也会抽时间书写几行字。他劝示子孙，要多做一些事情，增加一门技艺，同时要勤于练习，才不至于荒废。

导读

训曰：人们彼此之间你送我什么东西或者我送给你什么东西，在所难免。人的生日，或者是遇上喜庆事，送给他礼物，一定要选择他需要的，或者他平日里喜欢的东西赠给他，才足以表达我的心意。如果不是这样，只是按照别人送给我什么物品，我也以同样的东西回报，这只是彼此变换东西的名目而已，丝毫没有实际的意义。这些地方每个人都应当留心。

原文

训曰：凡人彼此取与，在所不免。人之生辰，或遇吉事，与之以物，必择其人所需用，或其平日所好之物赠之，始足以尽我之心。不然，但以人与我何物而我亦以其物报之，是彼此易物名而已矣，毫无实意。此等处凡人皆宜留心。

评析

康熙在此训诫子孙们，在给别人送礼物的时候要诚心诚意，选择能表达自己心意的礼物。他认为最好是送别人需要的或者是喜爱的东西，别人送给自己什么礼物自己再送给别人同样的礼物是很不礼貌的，显示不出自己的诚意，礼物也送得没有意义。

训曰：孟子云："或劳心，或劳力。劳心者治人，劳力者治于人。"朕即位多年，虽一时一刻，此心不放，为人君者，但能为天下民生忧心，则天自佑之。

训曰：孟子说："有的人从事脑力劳动，有的人从事体力劳动。从事脑力劳动的统治他人，从事体力劳动的受人统治。"我即位多年，每时每刻，这种用心都不放松。为人君者只要能为天下百姓的生计忧心操劳，上天自然会保佑他。

康熙借用孟子的话来告诉子孙一个道理：普通的百姓要靠体力来维持生计，而统治者要用心力和脑力来治理国家，安抚百姓。因此，他自即位以来，无时无刻不挂念着黎民百姓。身为人君，只要努力为民生忧心操劳，上天也会赐福给他的。这也是民本思想的体现。

训曰：朱子说："古代的圣贤著书立说，本来语言浅显易懂，但是浅近易懂的道理之中却蕴含着无穷的旨趣。"现在人们却一定要推演圣贤的学说使之寓意高远，穿凿圣贤的学说使之深奥，其实这未必真能使圣贤的学说高远深奥，反而远离了圣贤学说的本旨，失去它固有的平实易懂、奥妙无穷的况味。这是最关键的地方。汉代以来，儒家学者应时辈出，对圣贤们的经典进行各种各样的解释，越解释也就越难解释了。到了宋代，朱熹一辈的学者注四书、五经，阐发确然不可改变的道理，为后人阅读带来了方便。朱熹一辈的学者对圣人经书的功绩可以说是很大的。所以我提醒你们要以研读经书为要紧的事，也就是这个原因。

训曰：朱子云："圣贤立言，本自平易，而平易之中其旨无穷。"今必推之使高，凿之使深，是未必真能高深，而固已离其本旨，丧其平易无穷之味矣。此最要处也。自汉以来，儒者世出_{应世而出}，将圣人经书多般讲解，愈解而愈难解矣。至宋时，朱子辈注四书、五经，发出一定不易之理，故便于后人。朱子辈有功于圣人经书者可谓大矣。是以朕训尔等但以经书为要者，亦此故也。

朱熹认为，古代圣贤立言本来十分平易，但文章内容意旨渊深。而现在许多自称注经者却穿凿附会，将圣人之言解说得玄而又玄，表面上看起来高深莫测，实质上有时候甚至偏离了圣贤著书立说的主旨，他们的注解让后人对经学的理解愈来愈难。当务之急在于读经之人须从浅近平易处切入经书的阅读，应用自己日常生活中切身的体验去体察古圣贤的原意，进而领会文章无穷的旨趣。康熙认同朱熹的观点，因此告诫子孙们要以学习四书五经为最根本的事情。

训曰: 大凡人学习某种技艺就如同各行各业的工匠研习他们本行业的技艺，一定是从简单容易的地方开始，然后一步步地由浅入深、循序渐进，不可因急于求成而冒进。《中庸》上说："譬如要远行，一定是从近处出发；又譬如攀登高山，一定要从山下起步。"人学习技能，也应该把这句话当作座右铭。

训曰: 凡人学艺即如百工习业，必始于易，而步步循序渐进焉，心志不可急遽也。《中庸》云："譬如行远，必自迩ěr。近；譬如登高，必自卑低下。"人之学艺，亦当以此言为训也。

学习技艺是一个循序渐进的过程，不可能一蹴而就。因此，康熙告诫子孙们学习技艺要从简至难，由浅入深，一步步地提高。如果急于求成，可能会事倍功半，当遇到拦路虎时，很容易会半途而废。我们在工作中，也要稳扎稳打，勤勤恳恳，急功近利的心态要抑制住。

训曰：《书》《尚书·舜典》云："同律度量衡。"《论语》《论语·尧曰》曰："谨权量。"盖为禁贪风除欺诈，所以平物价而一人情也。今市廛 市场店铺。廛chán，店铺 之上，同阎 lú yán。里巷内外的门。后多借指里巷 之中，日用最切者无过于丈、尺、升、斗平法，其间长短、大小亦或有不同，而要皆以部颁 户部颁发的 度量衡法为准，通融 变通，相互调剂 合算，均归画一，则不同而实同也。盖以大同者定制度，而随俗者便民情，斯为善政。自上古以迄于今几千百年，度量权衡 称量物体轻重的器具。权，秤锤；衡，秤杆。改易非一，苟一旦必欲强而同之，非惟无益于民生，抑且有妨于治道，此又不可不留心讲究者也。

训曰：《尚书》上说："统一律、度、量、衡。"《论语》里也说："认真检验并审定度、量、衡。"这都是为了禁止贪婪的风气，消除欺诈的行为，以此来平抑物价统一人情啊。现在商贸集中之地，里巷之中，人们日常生活最迫切的东西，没有超过丈、尺、升、斗以及均平的方法的，其中丈、尺、升、斗的长短大小或许有所不同，关键在于要以户部颁发的度量衡法为准，变通换算，全都归于一致，那么这些丈、尺、升、斗表面上不同，其实质是相同的。大概是大的、相同的方面确定为制度，而需随习俗的方面就顺民情，这才是善政。从上古到现在几千年过去了，度量衡的改变不止一次，如果一定强行使它相同，不仅对老百姓没有好处，而且妨碍治理天下，这又是不能不留心研究的。

　　康熙认为治理国家要和而不同，对待古制也要顺应民情，因时而易。譬如丈、尺、升、斗的标准，历代以来不断改变，但只要全国都遵守户部颁布的规定，一样很实用，没有复古的必要。如果强行和古代的统一，那无异于削足适履，可能会造成混乱，妨碍国家的治理。康熙举这个例子也是在告诉子孙，对待因袭而来的制度和政策时，要有一个灵活变通的应用，要使之顺应国家的发展。

训曰：吉、凶、军、宾、嘉五礼_{古代的五种礼制。祭祀为吉礼，丧葬事为凶礼，军事为军礼，宾客事为宾礼，冠婚事为嘉礼}之期，必选择日、时者，乃古人趋吉避凶之义。《诗》_{《诗经·小雅》}曰："吉日维戊，吉日庚午。"《礼》_{《礼记·曲礼上》}曰："外事_{指巡猎、朝聘、盟会、战争之类的事}用刚日，内事_{指祭祀、丧葬、嫁娶、求嗣之类的事}用柔日。"朱子注《孟子》_{战国时期孟子的言论汇编。由孟子及其弟子编撰。儒家经典著作。此指《四书集注·孟子·公孙丑下》}曰："天时者，时、日、支、干、孤虚_{古时占卜推算日时的方法。天干为日，地支为辰，日辰不全为孤虚}、王相_{阴阳家用语。他们以王（旺盛）、相（强壮）、胎（孕育）、没（没落）、死（死亡）、囚（禁锢）、废（废弃）、休（休通）这八字与"五行""四时""八卦"递相匹配，表示事物的消失、更迭}之属也。"要以五行之生克为用，干支之刑冲_{星相术语。指地支中相妨害的两种情况。刑，相杀之意；冲，相忌，相妨}合会为断耳。世俗相沿已久，而吉凶之理推原于《易》，

训曰：举行吉、凶、军、宾、嘉五礼时，一定要选择吉日、吉时，这是古人趋吉避凶的要义。《诗经》说："戊日是吉利时辰，庚午是个吉日。"《礼记》说："打猎征战之类的事宜在单日进行，宗庙祭祀之类的事宜在双日进行。"朱子注《孟子》说："所谓天时，指的是时、日、地支、天干、孤虚、王相之类的概念。"总之，择时日要以五行相生相克为依据，根据天干地支的相妨相合来判断确定。这种选择时日的方法，民间沿袭已久，而推测吉凶的原理则来源于《周易》，因此我们这些

地位尊贵的人，凡是遇有出行迁移一类的事，自然应选择吉日吉时。然而既然已采用择定的吉日，就更应采用择定的吉时，千万不要因为日期吉利而忽视了时辰的吉利。选择家说："选择日子一定要选择适当的时辰，吉利的日子不如吉利的时辰。"就是说的这个道理。

是故我等尊贵之人，凡有出行移徙 迁移，转移。徙 xǐ 之类，自宜选择日、时。然而既用选择之日，则尤当用其选择之时，甚勿以日之吉而忽于时之吉也。选择家 旧称选择吉利日子的人 云："选日必当 恰当，适当 选时，吉日不如吉时。"正谓此也。

评析

康熙告诉子孙，在举行典礼的时候，一定要选择吉利的日子。最好还要选择一个吉利的时辰。这段训示体现出了康熙对儿女的关爱，希望吉时良辰能给他们带去福泽。但是，这其中有封建迷信的成分。我们举办典礼也希望选择一个美好的时日，但是也不要因为过分拘泥于这套说法而招致不快。

训曰：《论语》《论语·卫灵公》云："子贡问为仁。子曰：'工欲善其事，必先利其器。'"此言实为学制事_{处理政治、军事等重大事件}之要也。即如今之读书人，欲应试也，必平日所学渊深，所记广博，自然写得出。凡遇一事，经历多者，按则例_{成规}而理之，则失者少。此即器利而事自善之理也。

训曰：《论语》载："子贡问孔子怎样培养仁德，孔子说：'工匠要想做好他的事，一定得先准备好他的工具。'"这话实在是研究学问和处理政务的关键。就比如现在的读书人，打算应试，一定要平日所学精深，记诵广博，到应试时自然就写得出文章。凡是遇上一件事情，经历多的人，按照常规去处理，失误就少。这就是技艺超群则事情自然做得顺利的道理。

康熙在此用"工欲善其事，必先利其器"的道理，来阐释处理事务的方法。他认为，要想做到游刃有余地处理国事，首先要读书和历事。日常读书多了，学识渊博，到了应试的时候自然就能得心应手。平时在处理事务之时，积累了经验，按照规矩去处理，则失误就少了。在读书做事之中，掌握到了知识和经验，那么处理起国事也就慢慢地得心应手了。

训曰: 我今年将近七十岁了，曾看到一家祖父子孙共四五代人的家庭。大都是一个家庭世代孝敬，他的子孙一定获得富贵，永远享有吉庆。那些作恶多端的人家，子孙们有的穷困潦倒破败不堪，有的愚顽不化甚至走向犯罪，以至于牵连到凶事。像这样的情况，我见得太多了。由此看来，只有行善积德，才可以给子孙留下福泽。

训曰：朕今年近七十，尝见一家祖父子孙凡四五世者。大抵_{大都}家世孝敬，其子孙必获富贵，长享吉庆。彼行恶者，子孙或穷败不堪，或不肖而陷于罪戾_{罪过}，以至凶事牵连。如此等，朕所见多矣。由此观之，惟善可遗福于子孙也。

评
析

如今，我们常说"父母就是孩子最好的老师"，康熙的这段训示在谈论一个类似的问题。他曾看到一个五世同堂的人家，子孙受父辈的孝顺的感染，也善待自己的父母，与族人和睦相处，他们的家庭也长享富贵吉庆。而那些作恶多端的家庭，他们的子孙也行为不端，败坏家产，甚至祸连家族。康熙以此告诫子弟：积善行德，也是齐家之道。

训曰：朕于各处行伍_{泛指军队。古代军队}编制，五人为伍，二十五人为行，故称"行伍"。行 háng中效力行走_{凡有本来官职而被派到别的地方去做事的称行走}之人，时常唤来与之谈论者，盖因我朝太平已久，今之少年于行兵_{用兵}之道未尝经历。若问此等行军之旧人，则功臣之子孙得闻伊祖父效力行走之处，亦欢喜鼓舞，循其祖父之迹，而黾勉力行之也。

训曰：我时常把各军队中供职或临时派去的人叫来，跟他们谈论，因为我大清太平时间已久，现在的年轻人对于行军用兵之事不曾亲身经历过。如果问那些军队中的旧人，功臣的子孙们能够亲耳听到他们的祖辈、父辈效力奔走的事情，也就欢欣鼓舞，并沿着他们祖辈、父辈的足迹，勤勉努力地去做事情了。

评析

康熙巡视各地军营之时，喜欢与老兵们追忆征战岁月。许多新兵以及功臣之后，在承平已久的环境中，感受不到前人的光辉荣耀。但是在康熙和老兵谈论的时候，他们会听到父辈的英勇事迹，这些往事会给他们以极大的鼓舞。康熙也用这段训示告诫子孙，不要忘记祖辈创业的艰难，要追随先辈的足迹，勤勉努力地做事。

训曰：我们清朝旧的典章制度，万万不可丢掉。我年幼时见过的老前辈极多，因此我的衣服、饮食及器用全都遵照我朝旧制，没有丝毫的改变。我朝住在京师已经七十多年，住在汉人的地方，八旗满洲的年轻人多少沾染上汉人习俗，在所难免。只是我们这些身居上位的人，要常常想到这些并时时加以训诫。过去的金、元两朝后几代皇帝，因为长期居住汉地，渐渐融入汉人的习俗，有的竟然如同汉人一般。我深刻吸取这一教训，因而多次训导你们，实在是因为这是我朝的头等大事，让你们人人牢记，用心谨慎地遵循去做。

训曰：我朝旧典_{指清朝入关前的制度}断不可失。朕幼时所见老先辈极多，故服食器用，皆按我朝古制，毫未变更。今住京师已七十余年，居此汉地，八旗满洲_{八旗即八旗制度。}

是清朝满族的军队组织和户口编制制度。以旗为号，分正黄、正白、正红、正蓝、镶黄、镶白、镶红、镶蓝八旗。

八旗的后人称为八旗子弟。后皇太极又将降付的蒙古人、汉人编为八旗蒙古、八旗汉人，原八旗也就称八旗满洲

后生微微染_{受影响}于汉习者，未免有之。惟在我等在上之人常念及此，时时训戒。在昔金、元二代后世君长，因居汉地年久，渐入汉俗，竟如汉人者有之。朕深鉴此而屡训尔等者，诚为我朝之首务，命尔等人人紧记，著意谨遵故也。

评析

清朝入关多年，八旗子弟的生活习性等各方面都逐渐汉化。康熙看到这些不免担心，他深知金元二朝发生汉化现象所带来的后果，于是告诫子孙们要谨记先辈们的教诲。康熙的观点不无道理，作为马背上得天下的民族，一旦失去自己骁勇善战的优势，势必会影响到自己的统治。康熙居安思危，谋虑深远的做法也确实很令人敬佩。

训曰：我大清自从祖宗开创基业以来，依靠锋利的弓箭，威震天下，讨伐强暴，安定百姓，平定了海内。如今我上蒙祖宗庇荫，坐享天下太平，怎么可以一天不从事讲习武备呢？所以我每天率领你们各位皇子和身边的侍卫，练习射箭射靶，完备礼仪和制度，八旗官兵也按时测试研习。我经常亲临教场，逐一观看兵卒之射，评出他们的优劣等次，给予赏赐嘉奖，或升迁罢黜、劝导勉励，所以你们各旗的佐领，个个精于弓马骑射，武力战备可观。《礼记》说："男子生下来，就给他桑木弓和六支蓬草做的箭，射向天地四方。天地四方，是男人所要造就事业的地方，所以必

训曰：我朝祖宗开创以来，弧矢（弓箭。借指武力）之利，以威天下，伐暴安民，平定海内。今朕上荷祖宗庇荫，坐致升平（太平），岂可一日不事讲习？故朕日率尔诸皇子及近御侍卫人等，射侯射鹄（射箭射中靶心。侯，用兽皮做成的靶子；鹄 gǔ，箭靶的中心），备仪备典，八旗官兵以时试肄。朕常临御教场，历观兵卒，等（衡量，区别等级）其优劣，赏赐褒嘉，黜陟（chù zhì。人才的进退，官史的升降。黜，废掉官职；陟，提升官职）劝勉，故尔旗分佐领（官名。清朝八旗的最基层组织"牛录"中的首领），各各娴（xián。娴熟）习弓马，武备足观。《礼》（《礼记·射义》）曰："男子生，桑弧（以桑木做弓）蓬矢（用蓬草做箭）六，以射天地四方。天地四方者，男子所有事也。故必

先志于其所有事。"又曰:"射者,进退周旋必中礼,内志正,外体直。"又曰:"立德行者莫如射。"而"射者,所以观德也。"故"孔子射于矍相地名。矍jué之圃pǔ。园地,盖观者如堵墙。"《易》曰:"射隼。"语出《易经·解卦》。隼sǔn,也称鹘。鹰的一种,驯化后可帮助打猎"射雉。"语出《易经·旅卦》《诗》曰:"决拾既佽,弓矢既调。"语出《诗经·小雅·车攻》。决拾,古代射箭用具。决,扳指,以骨制,套在右手拇指上用以钩弦;拾,皮制的护臂,射箭时缚在左臂上;佽cì,依次排列"角弓其觩,束矢其搜。"语出《诗经·鲁颂·泮水》。觩qiú,弓紧绷的样子;束矢,五十支一捆的箭;搜,象声词。形容急速的声音"敦弓既坚,四鍭既钧;舍矢既均,序宾以贤。"语出《诗经·大雅·行苇》。敦diāo,通"雕",彩画,刻画;鍭hóu,箭名;钧,平均,均衡《书》《尚书·盘庚》曰:"若射之有志。"子曰:"射不主皮贯穿

须让他有经营天地四方的志向。"又说:"射箭的人,进退旋转一定要符合礼节,内心要端正,身体要挺直。"又说:"要树立德行,没有比学射更好的了。"因为"通过射箭可以观察一个人的品德。"所以"孔子在矍相学宫的园地射箭,围观者密集如同墙壁。"《易经》说"射鹰""射野鸡"。《诗经》说:"扳指、护臂已经排列齐备,弓和箭已经调配好。""兽角镶嵌的变弓紧绷,一束箭射出嗖嗖响。""有雕饰的弓很坚硬,四人的箭已平均,箭射出去都中靶,宾客们按成绩排序坐定。"

《尚书》说:"要有像射箭要射中靶心的志向。"孔子说:"比试射箭,不一定要穿透箭靶,因

为各人的气力大小不一样。""射箭就像君子行事，没有射中靶心，就应回头来从自身寻找原因。"《周礼》说："根据射箭之法来定射礼。"那么，古代圣贤经书用射来训教后世的意图，清清楚楚地可以体察到。练习射箭是上等技能，可借此推荐贤人，选择贤士。更何况我们大清欲建德立功，以振兴天下为要务，自然更应该严格训练，多方面进行教育，不可有一时的荒废与懈怠呀！

皮革，为力不同科<u>等级</u>。""射有似乎君子，失诸正鹄，反求诸其身。"《<u>周礼</u>》也称《周官》《周官经》。儒家十三经之一。此指《周礼·夏官·射人》："以射法治射仪。"然则古圣经书射以垂训，历历可监。习射上功，<u>宾兴</u>周代举贤之法。谓乡大夫自乡小学荐举贤能而宾礼之，以升入国学择士。况我国家立德立功振兴要务，自当严加训练，多方教谕，不可一刻废懈也。

评析　　满族先人习于弓马骑射，锋利的剑矢和彪悍的将士帮助他们打下了大清的江山。入主中原以后，天下渐渐太平稳定了。但是，康熙居安思危，担心八旗子弟疏于训练，因此按时带领他们操练。然而，命运和清王朝开了一个玩笑。清朝统治者以弓马自矜，轻视了从西方传来的新技术，最终导致了晚清大变局。

训曰：射、御居六艺之中，二者相资为用。古人御车虽见于经史，然其法不可得而详。而我朝满洲骑射，其功用则有不可胜言者。盖骑射之道，必自幼习成，方得精熟，未有不善于驭马而能精于骑射者也。抑且乘骑不惮，方克善驭。如我朝满洲并外藩诸蒙古<small>清朝对归降的蒙古各部称外藩蒙古。归理藩院管理</small>以及索伦<small>明末清初分布在外兴安岭及黑龙江北岸的达斡尔、鄂温克、鄂伦春等民族的总称</small>、达呼里<small>即达斡尔族</small>等，俱娴于骑射者，盖因自幼乘马，十余岁即能驰骋，故尔马上纯熟，善于控御也。当狝狩<small>xiǎn shòu。狝，古代指秋天打猎；狩，古代指冬天打猎</small>之时，猎骑云屯，风生电发，其中精于骑射者，人马

训曰：射箭和驾车是古代六艺中的两项，两者相互辅助，共同发挥作用。古人驾车，虽然在经书与史书上有所记载，但驾车的方法已无法详尽了解。而我朝满洲的骑射，其功用却说不尽。这骑射的本领，一定得从小学习才能精熟，没有不善于驾驭马却能精于骑射的。只有不害怕骑马，才能很好地驾驭马。像我们满洲和外藩蒙古各部以及索伦、达呼尔等各族，都惯熟于骑射，大概因为从小就骑马，十几岁就能策马驰骋，所以马上功夫纯熟，善于驾驭马。秋冬打猎时，骑马打猎者云集，风驰电掣，当中那些精于骑射的人，人马配合默契，

上马下马如飞，自如地驭马追赶禽兽，射箭必有收获，让看的人赏心悦目，果真是"往来驰驱皆有法，每箭放出无虚发"啊！这些善于驾驭马的人追逐野兽，无论是飞驰还是追赶都符合规范，无论距离远近都很适宜。那些训练有素的马，也明白人的意图，野兽离得远就飞驰靠近它们，野兽聚合就按一定的办法使它们分开。在骑手开弓放箭时，另有一番特别努力的情形，这些只有良马才能做到。又有精通驭马的，不论马的优劣，他一骑上就令观者有轻袭快马之感。这大概是因为人能发挥马的长处，马也能使人显示自己的骑术。

相得，上下如飞，騁控^{纵马和止马。指善于驭马。騁chěng，通"骋"，放马疾驰；控，止马}追禽，发矢必获，观之令人心目俱爽，诚所谓"不失其驰、舍矢如破"^{语出《诗经·小雅·车攻》}也。夫善驭马者之逐兽也，驰驱应范^{规范}，远近合宜。即马之调习者，亦知人意之所向，兽远而就之使近，兽合而开之如法。恰当发矢之时，另有一番努力之状，是惟良骥^{jì。好马}为然也。复有人精于驭马者，不择优劣，乘之惟见其佳。盖人能显马而马亦能显人也。

评析

　　圣人将射箭看作是六艺之一，康熙为满族的骑射技艺感到自豪，时常追忆先人驭马的飒爽英姿，并以此教育子孙。满洲人自幼年开始学习骑马的技艺，十几岁就能驾马如飞。在骑马打猎时，人和马配合得天衣无缝，往往能够满载而归。康熙通过描述前辈御马射箭的雄风伟姿，来培养子孙的民族自豪感，激起他们学习骑射的热情。

训曰：我自幼登基到现在已经六十多年了，偶然遇到地震和水旱灾害，一定深加自戒反省，所以灾害很快就会消除。大凡遇到天灾变故，不要惊慌失措，只需对自己多加反省，忏悔改过，自然会转祸为福。《尚书》中说："顺从天道行事就吉祥，悖逆天道就凶险，这吉凶之报如影随形，如响随声。"这本来就是必然的道理。

训曰：朕自幼登极迄今六十余年，偶遇地震水旱，必深自儆省反省。儆 jīng，使人警醒，不犯错误，故灾变即时消灭。大凡天变灾异，不必惊惶失措，惟反躬自省，忏悔改过，自然转祸为福。《书》《尚书·大禹谟》云："惠合乎道理迪吉吉祥，安好，从逆参与叛逆凶，惟影响影子和回声。"固理之必然也。

评析

康熙认为，偶遇地震水灾必须要自我反省，忏悔改过，这样做灾难便可以消弭，百姓将会由祸转福。这种态度虽可取，但在今天看来有很浓重的封建迷信色彩。不过，康熙在天灾人祸发生后所表现出的坚持反躬自省、检查过失的品质，却是开明君主所少有的。它提醒我们要加强自省，不断修正自己的言行。

训曰：孟子云："大人者，不失其赤子之心者也。"赤子之心者，乃人生之真性，即上古之淳朴处也。我朝满洲制度亦然。满洲故制，看来虽似鄙陋，其一种真诚处又岂易得者哉！我等读书，宜达书中之理，穷究古人立言 立论，设立制度 之意也。

训曰：孟子说："品德高尚的人，就是不失其婴儿般善良纯纯之心的人。"婴儿般纯洁善良之心，是人的本性，就是上古时期人们的那种纯朴自然的人格品质。我们满洲的制度也是如此。满洲旧制看起来似乎粗陋浅薄，但其中自有的一种真诚，这哪里是可以轻易获取的啊！我们这些人读书，应该通达书中蕴含的道理，探究古人著书立说的深意。

评
析

康熙认为，读书贵在知晓书中所蕴含的真理，了解古人著书立说的深意。满洲的一些旧制乃至典籍之中，就蕴含着一些真诚朴实的道理，就像孟子所说的"赤诚之心。"他告诫子孙，不要忘本。

训曰：凡是身上担负着教育、管理他人职责的人，一定要先做出表率才行。《大学》上说："品德高尚的人总是自己先做到，再去要求别人做到，自身没有某种缺点之后，再去批评别人。"这句话是特别对身先垂范者说的。

训曰：凡人有训人治人之职者，必身先之可也。《大学》有云："君子有诸 相当于"之于" 己而后求诸人，无诸己而后非诸人。"特为身先而言也。

评
析

康熙认为，"君子有诸己而后求诸人，无诸己而后非诸人"，帝王要作天下的表率，要为天下人立一个榜样。有德行的领导通常警示自己要以德服人，其出发点亦是在自己有足以感召他人的精神力量的前提下，要求下属们尽心尽力做事。为人父母更应如此，凡事一定要做孩子的榜样，要求孩子做的自己先做到，只有在父母善念善行的影响下，孩子们才会不断累积高尚的品德。

训曰：天下事固有一定之理。然有一等事，如此似乎可行，又有不可行之处；有一等事，如此似乎不可行，又有可行之处。若此等事，在以义理揆之，决不可豫定一必如此必不如此之心。是故孔子云："君子之于天下也，无适dí。可也，无莫不可也，义之与比bì。从，听从。"

训曰：天下事本来就有一定的道理。然而有一类事情，这样似乎可行，但又有不可之处；有一类事情，这样似乎行不通，但又有可行的地方。像这一类的事情，在于用义理去考量，绝对不能事先有一定可以这样或者一定不可以这样的想法。所以，孔子说："君子对于天下的事，没有'做什么''如何做'的规定，反之亦是，只要言行与义相符，怎么做都可以。"

正如康熙所言，天下事固有一定之理。然而，有些事情在行得通的地方又难以行得通，在难以行得通的地方又可以行得通。做这些事情不必有亲疏厚薄，既不在某些方面表现得特别亲近厚待，也不在另外一些方面表现得特别冷漠，要以恰当的原则与方式来对待一切人和事。康熙在此训诫子孙们要有通达之心，不可过于拘泥于某一道理而忘记变通的重要性。

训曰：凡是读书或学习技艺，每每说自己不行的，是自己耽误自己。《中庸》上说："有不曾学过的知识，学习了未能通晓，不可就此放弃。""别人用一分努力就能做到，我用一百分的努力去做；别人用十分的努力做到的，我用一千分的努力去做。如果真能够做到这样，再愚钝的人也能变聪明，再柔弱的性情也能变刚强。"这实在是对为学最有益的话呀。

训曰：凡人读书或学艺，每自谓不能者，乃自误其身也。《中庸》有云："有弗学，学之弗能，弗措弃置，放弃也。""人一能之，己百之；人十能之，己千之。果能此道矣，虽愚必明，虽柔必强。"实为学最有益之言也。

评析

康熙在此告诫子孙，读书学艺的时候，不要妄自菲薄。如果别人用一分努力学会的，那么自己就用百分努力去学。只要树立自信心，勤勤恳恳、踏踏实实地去做，即使愚笨的人也能变聪明，柔弱的人也一定能变得坚强。这种积极乐观的态度，从容上进的心境，也很值得我们学习。

训曰：人于好恶之心，难得其正。我所喜之人，惟见其善而不见其恶；我所恶之人，惟见其恶而不见其善。是故《大学》有云："好而知其恶，恶而知其美者，天下鲜矣。"诚至言也。

训曰：人的好恶之心，很难保证客观公正。我喜欢的人，就只看见他的优点，却不去看他的缺点；对自己讨厌的人，只看见他的坏处，而不去看他的优点。所以《大学》上说："喜欢某人同时又知道那人的缺点，厌恶某人同时又知道那人的优点，这种人天下太少了。"这实在是至理名言啊。

评
析

人们对于自己喜爱的人往往过分偏爱，看到的全是对方的优点，对缺陷视而不见，甚至不愿承认不足的存在；而对自己轻贱厌恶的人，往往看到的全是对方的缺点。这是人之常情。然而，康熙认为评价一个人要客观公正，不要感情用事，不要因为自己的好恶而产生偏见，能抱真诚宽容之心，"好而知其恶，恶而知其美"，不以一己好恶来看待他人，才是正确的做法。康熙告诫子孙们，要以一颗诚正之心来看待他人。

训曰：孟子说："要坚持自己的思想意志，不要放任自己的意气情感。"人要养身，道理也不出这两句话。为什么呢？如果一个人果真能不放任意气情感，血气自然平和。如果能坚守自己的志向，心志就不会受外物的干扰发生动摇，心情自然安定。保养身体的方法，还有胜过这个的吗？

训曰：孟子云："持保持，坚定其志，无暴乱其气。"人欲养身，亦不出此两言。何也？诚能无暴其气则气自然平和，能持其志则心志不为外物所摇动摇，自然安定。养身之道，犹有过于此者乎？

评析

现代社会，各种诱惑和烦扰无处不在，难免使人心浮气躁，如果能像康熙在训示中所说：坚守自己的志向，不为外物所动摇；不轻易释放自己的怨气，保持心平气和。这样，我们的心理和生理自然协调融合，我们的精神状态、待人处世，自会表现出无比的镇定和勇气，自然就可以把各种事情处理得很好。

训曰：人之一生，多由习气^{逐渐养成的习惯}而成。盖自孩提以至十余岁，此数年间，浑然天理，知识^{对人和事的认识}未判。一习学业，则有近朱近墨^{近朱者赤，近墨者黑。语出明代无心子《金雀记·临任》}之分。及至成人，士、农、工、商，各随其习，习以成风。虽父兄之于子弟，亦不能令其习好同也。故孔子曰："性相近也，习相远也。"有必然者。

训曰：人的一生，多由自己养成的习惯来决定。从婴儿到十几岁，这些年中，处于天真质朴的状态，对人与事的认识还没有形成自己的判断。一旦学习某种学业，便会有近朱者赤、近墨者黑的情况。等到长大成人，从事士、农、工、商某一职，各随他们的行业风俗，相习而成风气。即使是父亲对于儿子，兄长对于弟弟，也不能强迫他们跟自己的爱好、习惯相同。所以孔子说："人天生的本性相近，只是由于后天习染不同而形成差别。"这是必然的。

评

析

一个人成为怎样的人，多是由后天养成的习惯决定。从孩提时代到十多岁，一直处于一种懵懂天真的至纯状态，无论是对人还是对事，都极易受到周围环境的影响，有时甚至人云亦云。及至成年，习惯变成自然，即使是父子兄弟也不能使他们习好相同。因此，康熙认为要让子孙们从小养成良好的习惯。否则，长大后再想改是很困难的。

训曰：程子说："一个人有了实实在在的德行，自然就有了名望，名和实是统一的。至于那些好名声的人，过分求名就成了虚名。像孔子说的'君子引以为憾的是死后名声得不到传扬'，说的是没有什么善行可让人称颂，而不是让人去强求虚名。由此看来这世上有一类喜好名声的人，只追求虚名，做事没有一丝一毫的诚实之处。只管这样去做，不仅没有分毫的实际善行，最后连他们所谓的名也保不住。"程子的这段话，可称得上努力做事的重要途径。

训曰：程子 宋代理学家程颢、程颐兄弟并称二程，后世学者统称为程子。他们合著有《河南程氏遗书》。下引这段话为程颢所说 云："有实则有名，名实一物也。若夫好名者，则徇 xùn。谋求 名为虚矣。如'君子疾没世而名不称' 语出《论语·卫灵公》。没世，死亡之后，谓无善可称耳，非徇名也。看来有一等好名之人，惟名是务，不着一毫诚实之处。只管行去，不惟无分毫之实，究至于名亦不能保。"程子此言，可谓力行之要道也。

评析

程子对孔子所说的"君子疾没世而名不称"做出自己的解释，他认为君子真正担心的是去世后没有什么值得传颂的事迹，而不是要强求一份虚名。康熙十分赞同程子的说法，用它来教育子孙，要踏实做事，如果只追求虚名，那么一定不可能长久，最终连名分也保不住，只会落人笑柄。

训曰：程子_{此指程颐}云："所谓利者，不独财利之利，凡有利心便不可。如作一事，但寻自己稳便_{稳妥，方便}处，皆利心也。圣人以义为利，义安处便是利。"凡人惟弃利己之心，以求义之所安，则为忠臣者亦此道，为孝子者亦此道。人人皆当以此语为至教而奉行之也。

训曰：程子说："所谓利，不仅仅指钱财物品之利，只要是有利己之私心就不可。比如，做一件事，只寻求自己稳妥方便之处，这都是利心。圣人以道义作为利，道义安妥处就是利。"人们能抛弃利己之心而求道义的安妥，那么要做忠臣也是遵循此法，要做孝子也是遵循此法。你们每个人都应该把这段话当作好的教导而去身体力行。

利不仅是指财利，也指利欲之心，人不可有利欲之心。在做一件事情的时候，如果只是为了自己方便，都是利欲之心。圣人将义理作为利，忠臣也要以此为利，孝子也应当以此为利。康熙告诫子孙们不可有利欲之心，要将义理看作是真正的利。康熙的这种义利观，对当今社会的道德建设，也多有可以借鉴之处。

训曰：荀子说："劳累身体却使内心安宁的事情要去做，利益少但是道义多的事情要去做。"这两句话简练精要。人的一生如果能按照这两句话去做，过错还怎么产生呢？

训曰：荀子_{名况，字卿。战国时期思想家、教育家}云："身劳而心安者为之，利少而义多者为之。"此二语简而要。人之一世能依此二语行之，过差_{过错}何由而生？

评析

康熙很推崇荀子的这句"身劳而心安者为之，利少而义多者为之"，认为它传达出一种积极的义利观。只要能使自己心安的事情，虽然辛苦也仍然要去做。收益微薄但是于别人有益的事情也要多做。康熙告诫子孙一定要借鉴荀子的这条修身之道行事，约束言行，不逾越事理，丰富和完善自己的人格，将修养身心落到实处。

训曰：朱子云："人作不好底_{结构助词。犹"的"}事，心却不安，此是良心。但被利欲蔽锢_{掩盖，隐匿。锢gù}，虽有端倪_{头绪，迹象。倪ní，端，边际}，无力争得出，须是着力与他战，不可输与他。知得此事不好，立定脚跟硬地行，从好路去，待得熟时，私欲自住不得。"此一节语乃人立心之最要处。良心能胜私欲，为圣为贤，皆此路也。欲立身心者，当详究斯言。

训曰：朱子说："一个人做了不好的事，内心就会感到不安，这就是人们所说的良心。但良心若是被私欲束缚遮蔽，虽有良心发现的念头，也无力挣脱得了，必须拼力与私欲搏击，不能输给它。明知做这件事不好，那就要站稳脚跟寻找正确的走过去，等到行得顺了，私欲就没有存身处了。"朱子的这段话是一个人立定心志的关键。良心若能战胜私欲，做圣人做贤人，走的都是这条路。打算正心修养的人，应当仔细品味这些话。

评析

康熙引用朱熹的话劝诫子孙们要让良心战胜私欲，这样才可以达到立志修身的目的。一个人如果做了坏事，内心是不安的，那么这就证明他是有良知的人，只是被利欲暂时迷惑，暂时无法摆脱。若是知道这是坏事，就必须学会战胜自己的私欲。今天的社会有太多诱惑，人们必须学会与诱惑进行抗争，否则，良心被私欲所蔽惑，就会误入歧途。

训曰：朱子云："读书之法，当循序而有常，致一而不懈，从容乎句读（古人指文章休止和停顿处。句，指稍长的停顿；读dòu，指句中短的停顿）文义（文章的义理、内容）之间，而体验乎操存（护持心志）践履（实践）之实，然后心静理明，渐见意味。不然，则虽广求博取，日诵五车（五车书。典出《庄子·天下》："惠施多方，其书五车。"大意是：惠施的方术很多，本事很大，他读的书要五辆车拉。后遂用"五车书"指书多或读书多、学问深），亦奚（何）益于学哉。"此言乃读书之至要也。人之读书，本欲存诸心，体诸身，而求实得于己也。如不然，将书泛然读之何用？凡读书人皆宜奉此为训也。

训曰：朱子说："读书的方法，应当按照顺序并有一定常规，专心一意而不懈怠，从容在语言文字上下功夫，进而在实践中坚守心声身体力行，然后就能心静理明，逐渐体悟到书中所蕴含的意味。如果不这样做，那么即使广求博采，每天读大量的书，对于为学又有什么益处呢？"这句话说的是读书的重要方法。人们读书，本来是想把书中蕴含的道理铭记于心，进而体现在自身的行为中，以使自己有实际的收获。如果不这样，泛泛肤浅地读书又有什么用处呢？凡是读书人都应当以此为训。

康熙在此则训示中告诫子孙们读书切不可泛泛而读，应当循序渐进，逐步深入理解。在读书的过程中，要体会文章的大义，感受作者的思想，并在实际行动中体现出来。这是读书的关键所在。读书就是为了改变自己的身心，从而能在生活中加以应用。因此，读书要明理。

训曰：朱子说："读书要读到舍不得放手，才是领略到了书中真意。如果只是读了几遍，大概了解了书中的意思就满足了，想去找其他的书来看的人，就是还没从读过的这一卷书中获得旨趣。"这话说得对极了。我从小也曾发愤读书看书，当我读某一部经书时，一定认真讲谈论议，并且牢记于心。近年常常翻阅，其中仍有应该深入理解的。朱子的这些话，凡是读书人都应知道。

训曰：朱子云："读书须读到不忍舍处，方是得书真昧。若读之数过，略晓其义即厌_{满足}之，欲别求书者，则是于此一卷书犹未得趣也。"此言极是。朕自幼亦尝发愤读书看书，当其读某一经之时，固讲论而切记之。年来翻阅，其中复有宜详解者。朱子斯言，凡读书者皆宜知之。

经典的书籍大都是常读常新的，康熙年少读书时曾获得许多认知和道理，到了晚年重新读的时候，又从中体会出新的感悟。因此，他结合自己的读书经历，告诉子孙，对待圣贤之书要反复品读体会，涵咏其中的深意，读到手不释卷的时候，才能称作是得到了书中的真意。

训曰：凡人进德修业，事事从读书起。多读书则嗜欲_{嗜好欲望。}嗜 shì，爱好，特别喜欢 澹 dàn。同"淡"，淡薄，浅淡，嗜欲澹则费用省，费用省则营求_{谋求}少，营求少则立品高。读书之法，以经为主。苟经术_{经学}深邃然后观史，观史则能知人之贤愚，遇事得失，亦易明了。故凡事可论贵贱老少，惟读书不问贵贱老少。读书一卷，则有一卷之益；读书一日，则有一日之益。此夫子所以发愤忘食，学如不及也。

训曰：人们提高德行、修习学业，事事都要从读书开始。多读书，人的嗜好与欲望就淡泊了，嗜好欲望淡泊了花费用度就节省了，花费用度节省了所谋求的私利就少了，谋求的私利少了也就确立了高尚的品行。读书的方法，以阅读儒家经书为主。如果经学理解深透了再去读史书，读史书就能洞察人的贤愚，遇到事情也容易看透得与失。因此，凡事都可以分出地位高低、年龄长幼，只有读书不分贵贱老少。读一卷书，就有一卷书的收获；读一天书，就有一天的所得。这就是孔夫子为什么发愤忘食、努力学习还怕赶不上的原因。

评析

康熙在这段训示中谈论读书的益处和途径。经常读书可以使人清心寡欲，淡泊名利，帮助人们培养出一种高尚的品行。至于读书的方法，康熙认为要从经书开始，次第至于史书。最后，康熙又阐释了开卷有益的道理，每读一点书就能有一点收获，日积月累就能进德修业。他以此勉励子孙用功读书，不要懈怠。

训曰：从来人就有生下来就明白道理的、有通过学习而明白道理的、有遇到困难而学习后明白道理的，等到成功都是一样的。就没有对人情事理学习很长时间而不能上达仁义道德的。只是学习所下的功夫不能超越等级跳过中间的环节前进，尤其不能半途而废。《尚书》上说："堆九仞高的山，只缺一筐土而不能完成。"正是在为那些半途而废的人惋惜啊！

训曰：从来有生知、有学知、有困知，及其成功则一。未有下学_{对人情事理基本常识的学习}既久，而不可以上达_{通达于高尚的仁义道德}者。但功夫不可躐等_{超越等级，不按次序。躐 liè，超越}而进，尤不可半途而废。《书》_{《尚书·旅獒》}云："为山九仞_{rèn。古代长度单位，八尺或七尺为一仞}，功亏一篑_{kuì。盛土的竹筐}。"正为半途而废者惜也。

评析

康熙认为人的资质和天赋虽有不同，但是他们取得成功的原因却是大同小异，都是通过长时间的努力学习而获得的。读书需要长时间的坚持，万万不可半途而废。同时，读书也没有捷径可以走，不可能是跳跃式前进的，要持之以恒，坚持不懈，久久为功。

训曰：为学之功，不在日用（日常应用。指对儒家之理的实践、实行）之外。检身则谨言慎行，居家则事亲敬长，穷理则读书讲义。至近至易，即今便可用力；至急至切，即今便当用力。用一日之力，便有一日之效。至有所疑，寻人问难（诘问驳辩），则长进通达，自不可量。若即今全不用力，蹉跎（cuō tuó。失时，光阴虚度）少壮时光，即使他日得圣贤而师之，亦未必能有益也。

训曰：治学的功用不超出日常应用之外。约束自身就是说话做事时小心谨慎，在家里就侍奉父母尊敬长辈，要穷究万物之理就去读书、讲论经义。最切近最简易的事，现在就可以努力去做；最急迫最重要的事，现在就应当努力去做。投入一天的心力，就会收获一天努力的成果。等到遇到疑难问题，找人探询请教，那么学问的长进通达，自然不可限量。如果现在完全不用功学习，荒废了年轻时的大好光阴，即使以后拜圣贤为师，学问也未必会有大的长进。

评析

康熙告诫子孙们不可以蹉跎岁月，少壮不努力，老大徒伤悲。学习的关键是每天坚持不懈。每天都做出努力，那么离希望的距离也就越近。如果有所疑问，就应该向他人询问以求解惑。如果现在不努力，以后就算拜圣贤为师，也未必会有益处。现在的学生更应该谨记康熙的训诫，在自己的日常学习中坚持不懈。否则，日后定会后悔莫及。

训曰：人在年幼时，精神专一，思维敏锐；长大以后，心思分散，无法集中。所以学习应该趁早，不要错失良机。我七八岁的时候读过的经书，到现在五六十年了，还没有忘记。到了二十岁后读的经书，几个月不温习，就生疏遗忘了。然而有的人幼年遭遇坎坷，失去了早年学习的机会，那么到了壮年，就应当加倍努力。幼年时读书，如旭日东升光芒四射，壮年读书，则如燃烧的烛光。即使学习迟了，也胜过始终不去学习的人。

训曰：人在幼稚，精神专一通利_{通畅，无阻碍}；长成以后，则思虑_{心思}散逸外驰_{放恣于外，不能专心}。是故应须早学，勿失机会。朕七八岁所读之经书，至今五六十年，犹不遗忘。至于二十以外所读经书，数月不温，即至荒疏矣。然人或有幼年遭逢坎壈_{困顿，不顺利。壈lǎn}，失于早学，则于盛年尤当励志。盖幼而学者，如日出之光，壮而学者，如炳烛_{燃烛照明}之光。虽学之迟者，亦犹贤乎_{胜于，胜过}始终不学者也。

　　这则训示中，康熙告诫子孙读书要珍惜年幼时光，因为年少时期所记下的内容，会留下深刻的印象，往往能让我们受益终身。二十岁以后读的书，如果几个月不温习，很快就会忘记。有些人因为生活坎坷，早年失去了学习的机会，那么也不该带有憾恨的情绪，只要调整好心态，更加努力地读书，一样可以获得成功。

训曰：做学问的功夫有三个等级：心情急切地去学是上等，悠然自得地去学是第二等，懵懂无知地去学是下等。但是懵懂无知的人并非心里不向往学问，只是心里还不通达明白，如果能引导使他明白，怎么能知道懵懂无知者不会变成急切向学的人呢？只有悠闲自得地学习危害最大，随着流俗得过且过，一曝十寒，直到年老至死，还是原来的样子，没有丝毫进步。古代的圣人，进修学业品行贵在勇猛进取，正如商汤盘铭上的箴言："如果能够一天新，就应该保持天天新，新了还要更新。"哪里有片刻悠闲自得的意思啊！孔子说："有能一天都致力于仁德的吗？"想来孔子是悲悯那些悠闲自得的求学者，希望他们奋起努力啊！若学习每天都有新收获，就能发扬光

训曰：为学之功有三等焉：汲汲然（心情急切的样子。汲 jí）者，上也；悠悠然者，次也；懵懵然（懵懂的样子。懵 měng）者，又其次也。然而懵懵者非不向学，心未达也，诱而达之，安知懵懵者之不为汲汲也？惟悠悠者最为害道，因循苟且，一暴十寒，以至皓首没世，亦犹夫人而已。古之圣人，进修贵勇，如汤（即成汤。商朝的开国君主）之盘铭（古代刻在盥洗盘器上的劝诫文辞）曰："苟日新，日日新，又日新。"夫岂有瞬息悠悠之意哉。孔子曰："有能一日用其力于仁矣乎？"盖深悯学者之悠悠，而冀（希望）其奋然用力也！学而能日新，则缉熙（qì xī。发扬光大

不已，造次_{片刻，须臾}无忘，旧习渐渐而消，志趣循循而入，欲罢不能，莫知所以然而然。故诗人美_{赞美}汤曰"圣敬日跻_{语出《诗经·商颂·长发》。跻 jī，登，上升}"也。

大，时刻不忘，旧的习惯慢慢消解，学习的志向兴趣渐渐深入其中，想放下也放不下，不知为什么如此醉心于学习就自然而然地那样做了。所以诗人赞美商汤说："圣明贤德，日渐高隆。"

学习分为三个等级：有的人心情急切，有的人优哉游哉，而有的人则是懵懂无知。这三者中的懵懂者并非不懂学习，只是还没找到入门的方法。其中最为害人的是悠闲自得的人，因为他们因循苟且，一曝十寒，最终只能皓首没世，一事无成。孔子也曾经说过学习要有所收获，每天有新的发现就可以进步。康熙告诫子孙们要每天学习并尝试发现新问题，只有循序渐进，才能实现目标。

训曰：古代的大儒说过这样的话："探究事物的道理并非只有一种方式，要获取知识也不限于一个地方。有时在读书时获取，有时于论辩中得到，有时在思考时获得，有时于做事的过程中领会。读书中获取的知识虽然多，但论辩时得到的知识最为快捷，思考探索得到的知识最为深刻，做事的过程中得到的知识最切实。"这些话极为恰当。有志于穷究事物原理而获取知识的读书人，应该懂得这些道理。

训曰：先儒有言："穷理非一端，所得非一处。或在读书上得之，或在讲论上得之，或在思虑_{思考、探索问题}上得之，或在行事上得之。读书得之虽多，讲论得之尤速，思虑得之最深，行事得之最实。"此语极为切当。有志于格物致知_{穷究事物原理，从而获得知识。格，推究；致，求得}之学者，其宜知之。

评析

先儒曾经说过，无论是穷理还是辨认是非，都可以从读书、讲论、思辨以及行事上获取。但是诸方式获得知识的效果各有不同，读书博取，论辩快捷，思辨深刻，实践切实，大凡有格物致知精神的人都应该懂得这一道理。

训曰：春至时和，百花尚铺一段锦绣，好鸟百啭，无数佳音。何况为人在世，幸遇升平，安居乐业，自当立一番好言，行一番好事，使无愧于今生，方为从化之良民，而无憾于盛世矣。朕深望之。

训曰：春天到来天气转暖，百花盛开铺就一段锦绣美景，好鸟相鸣，百啭千声。更何况是人生在世，有幸遇上太平盛世，安居乐业，当然应该写就好文章，做一番伟大的事业，使自己无愧于今生，这样才算是随教而化的好百姓，而无愧于盛世了。我对大家有很深的希望啊。

"太上有立德，其次有立功，其次有立言，虽久不废，此之谓三不朽。"古代圣贤将著书立说视作可以超越个体生命和物质欲求的事业。康熙执政时期，清王朝的国力蒸蒸日上，社会稳定。康熙勉励子弟，珍惜来之不易的和谐氛围，努力读书，写出一些好文章来，传之万世，才不会有愧于人生，才不算辜负盛世。

训曰：天底下没有过不去的事，只要忍耐一时便会什么事都没有了。比如，乡亲邻里之间，常常因为鸡狗之类的小事引发诉讼争端，闹到官府去告状申辩；或者因为一句玩笑导致争吵打架。这些都是由于不能忍耐一时的小愤怒，而酿成争斗打官司的大事端。孔子说："小的事情上不能忍耐，就会败坏大事。"圣人的话蕴含着深刻的道理啊。

训曰：天下未有过不去之事，忍耐一时便觉无事。即如乡党邻里间，每以鸡犬等类些微之事，致起讼端〔诉讼之事端。讼sòng，打官司〕，经官告理〔告状和申辩〕；或因一语戏谑〔开玩笑、取笑。谑xuè〕以致口角争斗。此皆由不能忍一时之小忿，而成争讼之大端也。孔子曰"小不忍则乱大谋"，圣人之言至理存焉。

评析

康熙告诫子孙们要学会忍耐，否则会乱了大局。天下没有过不去的事情，忍耐一时事情自然会解决。邻里之间往往会因为一些鸡毛蒜皮的小事大动干戈，这些都是因为不能忍一时所造成的。康熙让子孙们谨记自己的训示，想要治理好国家，就要学会忍耐；想要社会安宁，也要学会忍耐。

训曰：古人云："尽人事_{人的主观努力}以听天命。"至哉，是言乎。盖人事尽而天理见。犹治农业者，耕垦宜常勤，而丰歉所不可必也。不尽人事者，是舍其田而弗芸_{古同"耘"。除草}也；不安于静听者，是揠苗而助之长_{语出《孟子·公孙丑上》。揠 yà，拔起}者也。孔子进以礼，退以义，所以尽人事也。得之不得，曰"有命"。是听天命也。

训曰：古人说："尽最大的努力做事情而听从上天的安排。"这话说得太好了。大概人的努力尽到了，天理会自然而然地显现出来。如同从事农耕的人，耕种开垦应该永远勤劳，但丰收与减产结果不可确定。不尽自己努力的，就舍弃田地不耕耘了；不安心静听天命安排的人，就是拔苗助长的人。孔子进是按照礼法，退是依据理义，这是尽人的主观努力。得到得不到，说"命"，这就是听从天命的安排。

康熙认为只要自己够努力，结果如何那就听由天命。对于农民来说，尤其如此。农民要努力种田，至于收成多少则要听从天命。康熙希望子孙们都能够各尽其责，对待事情的结局不要太刻意，努力过后，要听从天命。

训曰：孔子说："我如果不和世人打交道，还与谁打交道呢？"人生在世，从少年到壮年，从壮年到老年，有谁能一天不和这世道、这世人相互往来呢？只要应对合乎道义，我与世人两相安好；若应对不合道义，那么世道就与我相背。庄子说："如果人能以虚心的态度待人处世，那么还有谁能伤害到他呢？"这话说得很有道理。

训曰：子曰："吾非斯人之徒与而谁与？"人生斯世，自少而壮，自壮而老，孰能一日不与斯世、斯人相周旋耶？顾应之得其道，我与世相安；应之不得其道，则世与我相违。庄子 姓庄，名周，字子休（亦说子沐）。战国时期思想家 曰："人能虚己 犹虚心 以游世 优游于世，其孰能害之？"此言善矣。

人生在世，无论是少年、壮年还是老年，没有一天不和别人打交道。因此，如何与人相处就显得十分重要了。康熙引用庄子的话语，告诫子孙，与人交往时要保持一颗谦虚的心。这既是对别人的尊重，也可以保护自己不受伤害。

训曰：学以养心，亦所以养身。盖杂念不起，则灵府_{心神}清明，血气和平，疾莫之撄_{yīng。扰乱，纠缠}，善端油然而生，是内外交相养也。

学习可以养身也可以养心。如果一个人没有杂念，那么内心就会觉得清明平静，血气和顺，没有疾病的干扰，因此，可以使人内在与外在共同得到提升。康熙在此训诫子孙们要正确看待学习的作用，学习不仅可以提高人的理论素养，更具有修身养性的功能。

训曰：庄子说："不要让你的身体过分劳累，不要让你的精神轻易动摇。"再引用庚桑子的话说："不要让你的心思过度忙碌。"这是因为少思虑可以休养心神，少放纵欲望可以养精力，少说多余的话可以养元气。了解这些，就可以养生了。所以说，身体是生命的载体，思想是躯体的主宰，心神则是思想的领袖。心神宁静了思想就平和，思想平和了身体就健康。恬静地保养心神，内心自会保持安定；心中清净无求，就不会为外界所诱惑。心神宁静，思想清明，身体就没有牵累了。

训曰：庄子曰："毋劳汝形，毋摇汝精。"又引庚桑子^{亢仓子。姓庚桑，名楚。《庄子》一书中的虚构人物。传说为老子的弟子}之言曰："毋使汝思虑营营^{忙碌，劳而不知休息}。"盖寡思虑所以养神，寡嗜欲所以养精，寡言语所以养气。知乎此可以养生。是故形者，生之器也；心者，形之主也；神者，心之宝也。神静而心和，心和而形全。恬静养神，则自安于内；清虚栖心，则不诱于外。神静心清，则形无所累矣^{语出《刘子新论》。刘子，亦名刘昼，字孔昭。北齐思想家}

评析

康熙在此深刻阐述了道家的养生之道。庄子曾说，不要让一个人劳累，也不要让一个人内心疲惫。少思虑可以养心神，少欲望可以养精神，少说话可以养元气。因为人的形体是生命的依托和载体，而心是人的外在身体的主人，精神则是心的领悟。神静心和，恬淡于心，清心寡欲不为外物诱惑，便可以神清气爽而不为所累。

凡事當
留餘地

凡事当
留余地

训曰：劝戒之词，古今名论，亹亹_{wěi wěi。运行不息、深远的样子}书记中无处不有，其殷勤痛切_{恳切}反复丁宁_{即叮咛。叮嘱，告诫}，要之_{总之}，欲人听信遵行而已。夫千百年以下之人，与千百年以上之人，何所关切而谆谆训戒若此？盖欲一句名言提醒千百年以下之人，使知前车之覆，而为后车之戒也。后学读圣贤书，看古人如此血诚教人念头，岂可草草略过？是故朕常教人看古人书，须念作者苦心，甚勿负前人接引后学之至意也。

训曰：劝诫的格言，在古今名论和隽永的书札中俯拾即是，这些语句或情意恳切，或反复叮咛，总之，是希望人们能够听取劝告，身体力行。生活在千百年以后的人与生活在千百年之前的人，为什么如此关心而谆谆告诫呢？大概是想用一句名言提醒千百年后的人，使他们明白前人的错误和教训，可以让后辈们引以为戒啊！后辈学人读古代先贤的书，看到古人如此赤诚教导的拳拳之心，怎么能随便对待而不认真学习？所以，我常常告诫人们在读古人之书时，要念着作者的一片苦心，千万不要辜负前人引导后学的深意。

康熙训示子孙在读书之时，要留心古书中的名论格言，那些都是圣贤学习和做人的心得以及教训，他们反复叮嘱，就是希望后人能够引以为戒，前事不忘后事之师。我们后人要谨遵前贤恳切的劝诫，不能草草地掠过那些文字，要体会到古人拳拳教育之心，铭记教诲，把握好当下的生活。

朕自幼龄学步能言时，即奉圣祖母慈训，凡饮食、动履_{起居作息}、言语，皆有矩度_{规矩法度}，虽平居独处，亦教以不敢越轶_{超越}。少不然，即加督过，赖是以克有成。八龄缵承_{继承。缵 zuǎn，继承、继续}大统，圣祖母作书训诫冲子_{年幼的人。多为古代帝王自称的谦辞}曰："自古称为君难，苍生至众，天子以一身君临其上，生养抚育，无不引领而望。必深思得众则得国之道，使四海之内咸登康阜_{安乐富庶。阜 fù，丰盛，富有}，绵历数_{上天赋予的皇统年数}于无疆惟休_{美善，吉庆}。汝尚其宽裕、慈仁、温良、恭敬，慎乃威仪，谨尔出话，夙夜恪勤_{恭敬勤奋。恪 kè，恭敬，谨慎}，以祗承_{敬奉。祗 zhī，敬，恭敬}

我从年幼学走路会说话时，就谨奉皇祖母的教训，饮食起居、言谈举止皆有规矩法度。即使平时单独居处，也被告诫不敢越雷池一步。稍稍逾规，就被严加督责，靠着这样的严格要求，我才能有所成就。我八岁即位，皇祖母作书训诫我道："自古称做皇帝难，天下百姓众多，皇帝要以一人之力统驭天下，百姓的生养抚育，没有不伸长脖子望着皇帝的。一定要深思得民心者得天下的道理，使天下百姓都能康乐富庶，皇统才能延续且无限美好。你一定要崇尚宽容、仁慈、温良、恭敬，举止庄严，说话谨慎，日夜勤勉，以继承祖宗留下来的基业，让我的内心也没有愧疚。"我敬仰感戴皇祖母的这些话，唯恐不能遵循教导，只能够说："希望我能自强不息，使品德每天都有提升。越来越感到学问乃做事的根本，如果没有学问，则会慢慢变得不合正道。"因此，从年少读书起，就深知为学的关键，在于孜孜不倦地探究事物的道理以获得知识，使上天之德、帝王之道，上下贯通，保存赤子之心，修养善良之性。如果不这样就无从修身立命、齐家治国、公平天下，不这样，学以致用也无从谈起。于是勤勉努力、坚持不懈，每天排定学习课程，乐在其中而忘记了疲倦。虽然帝王之学不必专注于文章之事，但治学强调由博而精，这原是古代圣哲的遗训。只有搜罗记载，寻访研讨典籍文章，才能增广见闻，

乃祖考﹙祖先﹚遗绪，俾﹙bǐ。使﹚予亦无疚﹙jiù。内心惭愧痛苦﹚厥﹙jué。助词﹚之心。"朕仰戴﹙敬仰感戴﹚斯言，大惧弗克遵兹丕训﹙重大的训导。丕pī，大﹚，惟曰："庶其自强不息，以日新厥﹙代词。其﹚德。益思学问者，百事根本，不能学问，则渐即于非几﹙不合正道。﹚"以故自少读书，深见夫为学之要，在乎穷理致知，天德王道，本末该贯，存心养性。非此无以立体、齐治、均平，非此无以达用。于是孜孜焉﹙勤勉，努力不懈的样子﹚日有程课，乐此忘疲。虽帝王之学不专事纂组章句，顾由博而约，往哲遗训。惟能网罗记载，搜讨艺文﹙文章，典籍﹚，斯足增长见闻，充

益神智。朕机务_{国家大事}之暇，讲
肄诸经，参稽_{查考。稽jī,核查}《易》学，
于《太极》_{《太极图论》。宋代理学家周敦颐著}、《西铭》
_{原名《订顽》。北宋理学家张载著}之义，《河图》《洛
书》之旨，往往潜心玩味。以
次历观_{逐一地看}史乘_{史书。《乘》是春秋时期晋国的史书名，后用"史乘"泛指史书}，考镜_{参证借鉴镜，借鉴}得失，旁及古
文诗赋、诸子百家。《说命》_{《尚书·说命》}言"念终始典_{典籍，文献}于学"，
《周颂》_{《诗经·周颂·敬之》}言"学有缉熙
于光明"，朕所以朝斯夕斯至
今弗辍者也。

充实才智。我在处理国事之余，
讲习儒家经典，研究《易经》学说，
对《太极》《西铭》的意蕴和《河
图》《洛书》的微旨，往往专心
细细玩味。依次翻阅历朝史籍，
考究其得失，连带涉及古文诗赋、
诸子百家。《尚书·说命》说"念
始念终不忘学习经籍"，《诗经·周
颂》也说"不断地学习就能使人
达到光明的境界"，这就是我朝
夕勤学至今也不间断的原因啊。

评
析

　　康熙在此则训示中描述了他一生的学习读书以及治国之方法。他从幼年起就受到严格的管教，并且谨遵教诲，不敢稍稍违礼。在读书的时候，更是孜孜不倦地汲取营养，探究事理。康熙之所以能够名垂千古，不仅在于他谨遵圣诲，成就了清王朝的盛世基业，更在于他在日常生活中对自身严格要求。他希望子孙们亦能谨遵先辈们的遗训，在修身、齐家、治国、平天下的过程中完善自己，绝不能自我放纵。

书亦六艺之一，朕每念"心正笔正"之说，作字自来未敢轻易。喜临摹古法书，考其源委。又《礼记·射义》称"事之尽礼乐而可数为，以立德行者莫若射"，故圣王务焉。《易·大传》<small>即《易传》，也称《十翼》。是战国时期对《易经》的最早注解、说明和发挥的文集。</small>

<small>编者不详</small>言："弧矢之利，以威天下。"朕自少习射，亦如读书作字之日有课程，久之心手相得辄命中，用率虎贲<small>官名。皇宫卫队将领。贲 bēn，奔走，快跑</small>羽林<small>禁卫军名</small>以时试肄。念祖宗以来，以武功定暴乱，文德致太平，岂宜一日不事讲习？朕凡此既以自勉，还用督率汝曹。

书法也是六艺之一，我每每想到"心正则笔正"的训诫，写字就从不敢轻易下笔。我喜欢临摹古代、名家的法帖，考究其本末。《礼记·射义》中说："能够达成礼乐之道，而且可以具体计算、实施，用以培养德行的，没有比得上习射的。"所以，圣贤君王都专注于此事。《易·大传》说："弓箭的用处在于以此威震天下。"我自小练习射箭，习射如同读书写字每天都要有练习的科目，时间久了就得心应手，每射必中，常用此率领卫队将领、羽林军按时练习。每想到祖上至今，以武功平定暴乱，用文德获得太平，怎么可以有一天间断研讨学习呢？我平常既以此自勉，又以此来督促你们。

评
析

康熙认为，清王朝用武力平定了天下，又用文德来治理感化百姓。武功与文德是国家稳定的保障。因此，康熙注重文武全面发展。他几乎每天都要练习书法和骑射。练习书法的时候，心态端正，下笔的时候必然不敢怠慢。学习射箭也像练习书法一样，勤奋不辍。他希望子孙不要忘记祖上的传统，因此自勉的同时也时常督促子孙们。

《周书》曰："不学墙面，莅_{lì 临}事惟烦。"孔子曰："少成若天性，习惯如自然。"盖蒙_{童蒙。指童年}以养正，盛年力学，如朝日舒光。元良_{太子的代称}国之根本，支庶_{嫡子以外的旁支}国之藩附。朕深惟列后付托之重，谕教宜早，弗敢辞劳，未明而兴，身亲督课，东宫_{旧指皇子居住的宫殿阁。后借指太子}及诸子以次上殿，背诵经书，至于日昃。还令习字、习射、覆讲，犹至宵分。自首春以及岁晚，无有旷日。每思进修之益，必提撕_{教导，提醒}警诫，斯领受亲切。汝曹生长深宫，未离阿保_{保护养育。阿ē}，薰陶涵养，

《周书》上说："人如果不学习，就像是对着墙站立，一旦遇到事情就会烦恼无方。"孔子说："从小养成的习惯，如同天性一般自然。"大概是孩童开蒙时就加以正确的引导，使之养成好的品德，到年轻力壮时努力学习，便如朝阳放出的光芒。太子乃国之根本，宗室是国家的屏障。我深感列位后妃的殷重付托，对子孙们的教育应趁早，不敢推托辛劳，天不亮就起身，亲自督查课程，皇太子和诸皇子，依次上殿，背诵经书，直到太阳偏西。除此以外，还命他们习字、习射、复述经文，直到夜半。从年头到年尾，没有耽搁一天。每当想到进德修业的好处，必然会提醒告诫他们，使他们能够亲自领受。你们都生长在深宫，未离保育，正是熏陶德性、

涵养性情的重要时刻，要珍惜时光，努力不怠。因此，我再谆谆告诫，要让你们都明白我的心意。木料经过墨线量过就能取直，金铁在磨刀石上磨过就变得锋利，探寻事物的本原，探究事物的道理，多领会前贤先哲的嘉言懿行，这是想当圣贤必备的功夫。你们今天为子弟，将来就会为人父兄，不必远求，应当想着我说的话。

正在此时，尚其爱日惜阴，黾勉勿怠_{dài}。懈怠，懒惰。故复谆谆，欲令汝曹皆知吾心也。木受绳则直，金就砺则利 语出《荀子·劝学》。绳，木匠用以取直的墨线；砺lì，磨刀石，穷理格物，多识前言往行，是惟作圣之功。汝曹今日为子弟，他日为人父兄，取资匪远，当思吾言。

382

·

383

评析　　康熙认为皇子们将来要继承大统，治理国家，因而要趁着年幼，严格地教育，全方面地培养他们。他每天早晨早起亲自检查皇子们的读书情况，还时常引经据典劝诫皇子珍惜时光和舒适的生活条件来格物致知，进德修业，涵养性情。除此之外，也会教他们书法和骑射等技艺。康熙还训示自己的子孙，等到他们为人父兄了，也要严格要求自己的孩子，如此才能保证宗室和社稷的长久稳定。

历代名家点评

《庭训格言》一卷，雍正八年，世宗宪皇帝追述圣祖仁皇帝天语，亲录成编。凡二百四十有六则，皆《实录》《圣训》所未及载者。盖我世宗宪皇帝至孝承颜，特蒙眷注。宫闱问视之暇，从容温谕，指示独详。而帝德同符，心源默合，聆受亦能独契，故绅绎旧闻，编摩宝帙，敷由皇极，方轨六经。粤考三皇、五帝以逮于禹、汤、文、武，其佚文遗教散见于周、秦诸书，而纪录失真，醇疵互见。故司马迁有"百家称黄帝，其文不雅驯"之说，盖其识不足以知圣人，故所述不尽合本旨也。是编以圣人之笔记圣人之言，传述既得精微；又以圣人亲闻乎圣人，授受尤为亲切。垂诸万世，固当与典谟训诰共昭法守矣。

——〔清〕永瑢《四库全书总目》卷九十四子部四，乾隆武英殿刻本

申夫新刻之《聪训斋语》与吴漕帅所刻之《庭训格言》，不特可以进德，可以居业，亦并可以惜福，可以养身却病。阁下重听之恙已痊愈否？如尚未愈，除酌服补剂外，似宜常常看此二书以资静摄。昔年曾与阁下道及逆亿命数，是一薄德。大约读书人犯此弊者最多。聪明而运蹇者，厥弊尤深，富贵得志之人，亦未尝不扰扰焉。沉溺于逆命亿数之中，惟熟读《聪训斋语》，可祛此弊。凡病在根本者，贵于内外交养，养内之道，第一将此心放在太平地方，久久自有功效。近将张公书告舍沅弟及儿侄辈，兹并以奉勖。

——〔清〕曾国藩《曾文正公书札》卷十三《与李眉生》，光绪二年传忠书局刻增修本

阅圣祖《庭训格言》，嗣后拟将此书及张文端公之《聪训斋语》每日细阅数则，以养此心和平笃实之雅。乙丑五月。

——〔清〕曾国藩《求阙斋日记类钞》卷上，
光绪二年传忠书局刻本

吾教尔兄弟不在多书，但以圣祖之《庭训格言》（家中尚有数本）、张公之《聪训斋语》（莫宅有之，申夫又刻于安庆）二种为教，句句皆吾肺腑所欲言。

——〔清〕曾国藩《曾文正公家训》卷下，
光绪五年传忠书局刻本

马其昶曰：予幼时，大人授以《聪训斋语》，谓读之可淡荣利，就本实，因益为言。张氏当隆盛时，其子弟无不谨敕谦约，可为大臣家法。其后恭读世宗《庭训格言》，乃知圣人之言，其远如天，其近如地。公之书切近敦笃，殆本其所陶淑于圣教者以垂训与？曾文正公亦尝举二书教人，而番禺梁按察鼎芬言："张公书不善读，乃为乡愿。"余谓立朝与居乡异节，公之书，所以诫家也，其保全陈公事，余得之《湘潭志》，为表著之。

——马其昶《桐城耆旧传》卷八

康熙帝是比较有自由思想的人。他早年虽间兴文字狱，大抵都是他未亲政以前的事，而且大半由奸民告诉、官吏徼功，未必出自朝廷授意。他本身却是阔达大度的人，不独政治上常采宽仁之义，对于学问，亦有宏纳众流气象。试读他所著《庭训格言》，便可以窥见一斑了。

——梁启超《中国近三百年学术史》